KB124422

김진애의 도시 이야기

S T O R Y

김진애의 도시 이야기

STORY

12가지
'도시적'
콘셉트

김진애 지음

다산초당

도시 3부작을 펴내며

도시는 여행, 인생은 여행

도시 3부작을 낸다. "도시란 모쪼록 이야기가 되어야 한다"는 마음으로 쓴 책들이다. 눈에 보이지 않는 콘셉트를 눈에 보이는 물리적 실체로 만들어서 인간들이 펼치는 변화무쌍한 이야기를 담아내는 공간이 도시다. 도시가 이야기가 되면 될수록 좋은 도시가 만들어질 가능성이 높아진다는 희망이 나에게는 있다.

오랜 시간 동안 해온 작업을 묶은 책들이다. 저자에게는 오랜 시간이지만 도시의 기나긴 역사에 비추어 본다면 아주 짧은 시간일 뿐이다. 도시의 긴 시간 속에서 이 책들이 어떤 의미를 가질지는 모르겠으나 하나의 흔적이 되면 충분할 것이다.

첫째 권, 『김진애의 도시 이야기: 12가지 '도시적' 콘셉트』는 3부작의 바탕에 깔린 주제 의식을 풀어놓은 책이다. 도시를 읽는 핵심적인 시각을 도시적 콘셉트로 제시하고자 한다. 이야기란 현상의 영역인지라 수없는 변조와 변용을 통해 너무나도 다채로워지고 끊임없이 진화하기 마련인데, 콘셉트의 얼개를 통하면 현상 아래에 깔려 있는 구조를 훨씬 더 선명하게 볼 수 있다. 내가 제시하는 열두 가지 도시적 콘셉트가 다채로운 도시 이야기들의 바탕에 숨어 있는 핵심 구조를 짚어내는 데 도움이 되기를 바란다.

둘째 권, 『도시의 숲에서 인간을 발견하다: 성장하고 기뻐하고 상상하라』는 『도시 읽는 CEO』를 개편한 책이다. 도시란 인간의 성장과 밀접한 관련이 있다는 나의 태도가 녹아 있는 제목이다. 인간이 만드는 가장 복합적인 문화체인 도시를 헤아리다 보면 인간과 인간세계에 대한 호기심과 통찰력, 느끼고 즐기는 역량, 미래를 상상하는 능력까지 우리 자신이 겪는 다채로운 성장 방식을 깨닫게 된다. 외국 도시들과 우리 도시를 대비하며 통찰하는 글쓰기를 시도했는데, 글을 쓰는 과정에서 나도 성장했다. 대비의 시각은 통찰의 깊이를 더해준다.

셋째 권, 『우리 도시 예찬: 그 동네 그 거리의 매력을 찾아서』는 21세기 초에 돌아봤던 그 동네, 그 도시의 진화를 담고 있는 책으로 클래식한 제목 그대로 낸다. '우리 도시 예찬'을 하는 태도는 아주 중요하다고 믿는다. 다른 문화권 도시들이 아무리 근사하면 뭣하랴, 막연하게 부러워할 필요가 없다. 우리 도시들을 구체적으로 들여다보면 볼수록 캐릭터와 특징과 장점과 약점이 오롯이 드러나면서 자연스럽게 우리 도시들을 예찬하게 된다. 우리의 이야기이기 때문이다.

도시가 보다 더 대중적인 관심 주제가 되었으면 한다. 어느 누구 하나 비껴갈 수 없는 도시적 삶, 그 안에 존재하는 탐욕, 비열함, 착취, 차별, 폭력과 같은 악의 존재를 의식하는 만큼이나 도시적 삶의 즐거움, 흥미로움, 두근두근함 그리고 위대함의 무한한 가능성에 대해서 공감하는 폭이 넓어지기를 바란다. 무엇보다도 도시적 삶이 자신의 삶과 어떤 상호작용을 하는지 일상에서 헤아려보기를 바란다.

인생이 여행이듯 도시도 여행이다. 인간이 생로병사生老病死하듯 도시도 흥망성쇠興亡盛衰한다. 인간이 그러하듯 도시 역시 끊임없이 그 안에서 생의 에너지를 찾아내고 새로워지고 자라고 변화하며 진화해나가는 존재다. 그래서 흥미진진하다. 도시를 새삼 발견해보자. 도시에서 살고 일하고 거닐고 노니는 삶의 의미를 발견해보자. 도시 이야기에 끝은 없다.

프롤로그

사람이 들어오면 도시는 이야기가 된다

도시는 모쪼록 이야기가 되어야 한다. 이야기가 되면 우리는 더 알게 되고, 더 알고 싶어지고, 무엇보다 더 좋아하게 된다. 자기가 사는 도시를 아끼고, 도시를 탐험하는 즐거움에 빠지게 되고, 좋은 도시에 대한 바람도 키운다. '살아보고 싶다, 가보고 싶다, 거닐고 싶다, 보고 싶다, 들러보고 싶다' 등 '싶다' 리스트가 늘어난다. '싶다'가 많아질수록 삶은 더 흥미로워진다.

도시 이야기엔 끝이 없다. 권력이 우당탕탕 만들어내는 이야기, 갖은 욕망이 빚어내는 부질없지만 절대 사라지지 않는 이야기, 서로 다른 생각과 이해와 취향을 가진 사람들이 얽히며 벌이는 온갖 갈등의 이야기, 보잘것없어 보일지도 모르지만 삶의 세세한 무늬를 그려가는 이야기, 눈에 보이지는 않지만 수많은 인간관계의 선線을 잇는 이야기, 인간의 무한한 가능성과 함께 인간의 한계를 일깨우는 이야기 등 흥미진진한 이야기가 도시 안에 녹아 있다.

김진애의 도시 이야기

내 인생에 '김진애의 도시 이야기' 코너가 들어오면서 나의 주제도 스토리텔링도 훨씬 더 풍성해졌다. tbs교통방송 라디오 〈김어준의 뉴스공장〉 목요일 코너다. 평균 10분짜리 짧은 코너지만 반응은 다른 어느 미디어에 출연했을 때보다도 컸다. 존재감이 상당한 아침 시사 프로그램이기 때문일 것이다.

시작할 때는 그리 오래갈 거라 생각지 않았다. 2016년 9월 말에 방송을 시작하자마자 탄핵 정국에 촛불 집회가 불타올랐고 바로 이어 대선 정국까지 펼쳐져서 시사 열기가 폭발할 지경이었기 때문이다. 그런데 도시 공간과 시사적 의미를 연결한 이야기가 흥미로웠던가, 아니면 가끔 한숨 돌릴 '쉼표' 같은 이야기가 좋았던가, 청취자들의 호응은 높아졌고 이 코너도 지금까지 길게 살아남았다.

솔직히 토로하자면, '도시 이야기' 코너에 임하는 나의 기본 태도는 '김어준 공장장의 흥미를 어떻게 불러일으킬까?'였다. 진행자가 흥미로워하면 청취자들도 흥미로워할 가능성이 클 테니 말이다. 더구나 공장장은 기본적으로 도시에 큰 관심이 없는 성향이니, 아니 정확히 말하자면 공간보다는 다른 주제들에 훨씬 더 관심을 쏟는 성향이다 보니, 이 사람의 흥미를 끌 수 있다면 평소에 도시와 공간에 관심이 없던 많은 사람에게서도 분명 흥미를 끌어낼 수 있으리라는 판단이었다. 이런 나의 태도가 나름 주효했던가? 그렇게 믿어왔고 그렇게 믿어보련다.

이 책을 쓰는 나의 태도 역시, '어떻게 도시에 별 관심 없는 사람에게서 관심을 끌어내느냐? 어떻게 많은 사람들이 도시 이야기에 흥미를 가지게 만드느냐?'다. 사실은 전문가로서 내 평생 일관한 태도이기도 하다. 많은 사람들이 흥미를 가질수록 좋은 도시가 만들어질 가능성이 높다고 믿기 때문이다. 물론 도시 이야기에 담긴 사람 이야기가 얼마나 흥미로운지, 인간의 오욕 칠정이 버무려진 도시 공간이 얼마나 즐거울 수 있는지, 때로는 얼마나 큰 재앙으로 치달을 수 있는지, 이야기 그 자체의 흥미만으로도 독자들을 사로잡을 수 있기를 기대한다.

도시가 이야기가 되려면?

이야기가 되는 조건은 무엇일까? 수많은 이론이 가능하겠으나 '사람이 들어오면 이야기가 된다'가 아닐까? 사람이 들어오면 이야기가 생기고 남의 이야기가 아니라 자신의 이야기가 되고 그 이야기에 솔깃해진다. 꼬리에 꼬리를 무는 호기심도 발동하고, 의문과 함께 상상력이 동원되면서 흥미가 고조된다. 이야기의 끝을 알고 싶고 새로운 이야기를 더 듣고 싶고, 더 나아가서는 스스로 이야기하고 싶어지고 이야기를 만들고 싶은 욕구까지도 생긴다.

사람들이 평소에 도시에 그다지 관심을 두지 않는 이유를 꼽자면 아마도 다음과 같지 않을까? '첫째, 내 이야기가 아니다. 둘째, 도시를 만드는 사람은 따로 있다. 셋째, 너무 복잡하고 어려워서 이야기를 하기 어렵다.' 실상 모두 다 틀린 전제다. 다르다가 아니라 '틀렸다'고 하고 싶다.

첫째, 도시는 누구에게든 '나의 이야기'다. 누구나 도시에 '살고 있다'는 단순한 이유 때문에 그렇고(우리나라 인구 90퍼센트 이상, 세계 인구로는 절반 이상이 도시화 지역에 산다), 누구나 이러저러한 이유로 도시를 '쓴다'는 점에서 더욱 그렇다. 살며, 다니며, 먹고, 사고, 길을 잃고 또 찾으며 매일매일 도시를 겪는다. 불만도 생기고 불쾌함도 맞닥뜨리지만 신선하고 유쾌한 체험도 하게 된다. 누구나 도시에 대해서 '할 말'이 있다.

둘째, 누구나 도시를 만드는 데 한 역할을 한다. 시장도 아니고 공무원도 아니라고? 도시계획가나 건축가나 조경가가 아니라고? 기술자도 아니고 공학자도 아니라고? 물론 도시를 직접 만드는 데 참여하는 사람들은 소수다. 그러나 누구나 간접적인 방식으로 도시를 만든다. 어떤 동네에 집을 마련하고, 어떤 상점에서 물건을 사고, 어떤 카페와 식당을 들르며, 어디에서 물건을 사고, 어떤 길로 다니며 어떤 교통수단을 이용하는지, 어디로 놀러 다니는지? 이런 행위 하나하나가 도시를 만드는 데 기여한다. '빅데이터'가 발생하는 과정에 우리가 알게 모르게 데이터를 제공하는 것이다. 그 빅데이터를 분석해서 도시의 행위를 예측하고 그에 따라 변화를 모색하게 되는데 그 과정에서 우리 모두 핵심적인 플레이어가 되는 것이다.

간접 참여와 직접 참여 사이에 '투표'라는 중간적이면서도 핵심적인 참여 방식이 있다. 시장, 시의원, 국회의원을 선택하면서 우리는 그 어떤 '가치'를 선택하고 그 어떤 '행위'에 지지를 표명하고, 그 어떤 '의사 결정'을 기대한다는 소망을 표명한다. 도시를 만드는 결정적 의사 결정권자들을 선택하는 일은 시민으로서 자기가 사는 도시에 대한 최소한의 책임이자 최대한의 권리다.

셋째, '복잡하고 어렵다'라는 생각에는 어느 정도 공감하나 '그래서 이야기하기 어렵다'는 말이 꼭 성립되는 것은 아니다. 우리는 훨씬 더 복잡하고 어려운 사안, 예컨대 외교 안보, 정치, 경제, 첨단 기술 등에 대해서 이야기를 한다. 당장 자신의 이익을 결정짓는 도시 사안, 예컨대 재개발과 재건축, 개발구역이나 개발제한구역 지정, 도로 개설과 지하철 노선과 역 설치 등에 대해서는 열심히 귀를 기울이며 공부도 하면서 더 나은 선택을 하도록 만들기 위해 노력한다. 그러니, 도시의 삶이 나의 삶에 어떤 영향을 미치는지 조금 더 알고자 하기만 한다면 당연히 관심이 가고 당연히 더 많이 이야기하게 될 것이다.

물론 '나의 삶'이냐 '우리의 삶'이냐의 차이는 존재한다. 도시란 우리 모두의 것이지만 바로 그렇기에 누구의 것도 아니라는 역설이 작용하는 것이다. 나와 직접적으로 관련되지 않는 사안까지 '신경 쓰고 싶지 않다, 누군가는 하겠지, 알고 싶지 않다, 나서고 싶지 않다' 같은 심리가 작용한다. 개인주의가 성행할수록 이런 성향은 더

해질지도 모른다. 그러나 '나'와 상관 있는 상황에만 관여한다면 과연 '우리'가 관련된 상황에는 누가 이야기할 수 있겠는가? 도시는 근본적으로 '우리'에 관한 이야기이기 때문이다. 그 누구도 아닐지 모르는 우리, 우리는 우리를 어떻게 정의해야 할까?

도시에 대한 사랑과 갈등

도시와 나와의 관계를 정의한다면, 가히 '사랑과 갈등의 관계'라 할 만하다. 철학 또는 태도라 할까? 깊이 좋아하지만 의문의 눈을 거두지는 못한다. 사랑이 낙원이라 믿지도 않거니와 사랑한다고 해서 의심의 눈이 사라지는 것도 아니다. 도시가 유토피아가 될 수 있다는 환상을 품고 있지도 않거니와 도시가 생지옥이 될 수도 있다는 위험성을 부정하지도 못한다. 도시를 완벽하게 미화하고 싶지도 않지만 그렇다고 냉소적인 비판만 하고 싶지도 않다. 모든 도시 문제를 해소할 수 있다고 생각하지도 않거니와 모든 문제들이 사라진 도시가 과연 좋은 도시일 것이냐는 의심도 한다. 이 세상에 완벽한 도시란 없다. 어떤 도시든 불완전하다. 흠결이 있고 아픈 역사, 부끄러운 역사, 슬픈 역사가 있으며 숨긴 이야기나 숨은 사연이 있음을 안다.

내가 도시를 주제로 대중과 교감할 때 보이는 나름 까칠한 태도는 그래서 나온다. 책을 쓰고 방송에 나가고 예능 프로그램에 출연하기도 하는데, 나의 태도는 언제나 같다. 세속적인 허영심을 부추기고 싶지 않다는 것, 여행 가이드 같은 역할은 질색이라는 것, 특히 유명한 건축물이나 공간을 일방적으로 칭송하고 미화하는 일은 마다한다는 것이다. 건축인, 도시인 또한 하나의 사람으로서의 나의 캐릭터다. 실상 그렇게 미화해달라는 요구가 많기에 생긴 거부감이기도 하다. 책이든 라디오든 특히 이미지를 다루는 텔레비전이 되면 그런 요구가 더 많아진다.

물론 그렇다고 해서 내가 유명한 도시나 건축물, 공간을 외면하는 것은 아니다. 건축물이나 공간이 지닌 스토리 안에 한발 더 들어가면 세상에 흥미롭지 않은 사례는 없다. 그것이 성공이든 실패든, 절반의 성공이든 반쪽짜리 진실이든 말이다. 게다가 유명한 건축물이나 공간은 오랜 시간에 걸쳐 검증받은, 이른바 '클래식'이다. 시간을 초월해서 '고전'이 된 충분한 이유가 있고 사람들에게 사랑을 받는 충분한 소이연이 있다. 스토리를 알고 나면 더 많은 것을 느끼게 됨은 물론이다.

유명한 건축물이나 공간을 상투적으로 칭송하거나 미화하는 것을 나는 우려할 뿐이다. 미화하다 보면 자칫 흉내 내고 싶은 마음이 든다. 칭송하는 마음은 자칫 잘못된 환상이나 쓸데없는 콤플렉스로 이어지기도 한다. 왜 우리는 이렇게 못 만드나, 못 만들어왔나 하는 공허한 질문을 하게 만든다. 잘못된 '벤치마킹' 대상을 설정하게 만들기도 한다. 우리 사회에서 수없이 일어나는 일이다.

겉모습만이 아니라 속을 주의 깊게 들여다볼 필요가 있다. 도시 속 다양한 공간을 만들기 위해서 총동원되었을 수많은 인간 군상들의 스토리는 그 자체로 흥미롭다. 권력자의 욕망, 시민들의 바람, 기획자의 고충, 설계자의 고민, 공정에 참여한 수많은 작업자들의 땀과 때로는 피까지도 얽히고설킨다. 유명한 공간이라 해서 항상 칭송받기만 한 것도 아니다. 시대에 따라 상황에 따라 때로는 비판받고 무시당했으며 때로는 혐오의 대상이 되기도 했다. 물론 시대와 상황에 따라 새로 발견되거나 그 의미가 새롭게 해석되기도 했다. 중요한 점은, 그렇게 유명한 공간들 역시 그들이 놓여 있는 상황과 맥락에서는 일상적인 방식으로 쓰이고 있다는 사실이다. 그런 공간들이 이곳저곳 숨어 있는 곳이 도시다. 어찌 흥미롭지 않으랴?

그래서 이런 태도로 이 책을 쓴다.

"세속적인 허영심을 부추기고 싶지는 않다.
그러나 도시에 대한 의미와 느낌
그리고 자존감은 높이 띄우고 싶다."

'열두 가지 도시적 콘셉트'란?

이 책은 열두 가지 콘셉트concept(개념)를 따라서 전개할 것이다. '익명성, 권력과 권위, 기억과 기록, 알므로 예찬, 대비로 통찰, 스토리텔링, 코딩과 디코딩, 욕망과 탐욕, 부패에의 유혹, 이상해하는 능력, 돈과 표, 진화와 돌연변이'가 그것이다. '콘셉트'란 우리의 생각과 해석과 행위와 의지를 촉발하는 주제를 말한다. 이들이 왜 '도시적 콘셉트'일까? 이들은 도시에만 적용되는 게 아니고 인간 사회라면 어디에나 적용될 콘셉트일 텐데 말이다. 바로 그래서 도시적 콘셉트다. 인간 사회의 가장 적나라한 모습이 모여 있는 공간이 도시이고, 이 시대 가장 보편적인 삶의 조건을 규정하는 공간이 도시이므로 이 열두 가지 콘셉트가 도시라는 조건에서 어떻게 나타나고 정의되느냐에 따라 우리 삶에 큰 영향을 미치기 때문이다.

이 시대에는 특히 도시적 콘셉트를 다시 돌아보고 정의하고 풍성하게 하는 작업이 필요하다. 도시화의 거센 파도에 휩쓸려온 우리 도시들은 또 다른 변화의 물결을 마주하고 있기 때문이다. 경제사회적 구조가 변화하면서 도시를 재구성하는 작업들이 일어나고 있고 본격적인 시민 의식이 등장하는 한편 개개인의 도시 공간에 대한 심리와 인식이 변화하고 있는 시대이기도 하다. 도시적 콘셉트라는 틀을 통해 우리의 가능성과 제약과 잠재력과 한계를 짚어보는 흥미로운 작업이 가능하다.

콘셉트 1. 익명성

도시적 삶의 근본 조건은 익명성이다. 더 많은 사람들이 모여들수록 익명성은 커진다. 익명성을 나쁜 것으로만 치부할 이유가 없다. 도시의 근본 조건을 인정하고, 긍정하고, 취약점을 이겨나가는 태도가 필요할 뿐이다. 익명의 사람들이 모여 함께 살아가는 도시에서 가장 중요한 것은 '같이 살아가며 지켜야 할 약속'이다. 어떤 약속을 만드느냐, 어떻게 덜 부딪치고 사느냐, 어떻게 서로 다치지 않으며 살게 만드느냐, 어떻게 시민으로서의 자의식을 만드느냐가 도시적 삶의 질을 결정한다. 도시에서 가장 중요한 요소인 '길과 광장'은 과연 익명성이라는 도시의 근본 조건을 어떻게 다룰까? 그에 따라 도시적 삶의 질은 크게 달라진다.

콘셉트 2. 권력과 권위

도시를 유지하는 힘의 뿌리가 권력이다. 도시를 구성하는 힘은 다양하지만 권력의 존재는 필수불가결하다. 권력은 도시를 안전하게, 건강하게, 풍요롭게, 강력하게 만드는 힘의 원천이다. 물론 거꾸로 무능하고 부패한 권력이 도시를 망가뜨리고 파멸시키기도 한다. 역사 속에서 수없이 드러났고 이 시대에도 일어나는 일이다. 권력은 항상 권위라는 아우라를 두르고 싶어 한다. 권력이란 수시로 흔들리기 마련이기 때문이다. 흔들림으로부터 자신을 보호하기 위해 권력은 도시를 이용해서 권위의 아우라를 키우려 시도한다. 어떤 개념의 권력과 권위를 이 시대의 도시 공간에 새겨 넣는지는 진화하는 시민들이 주목하는 사안이다. 그 관심이 도시의 변화를 만들어낼 수 있을까?

콘셉트 3. 기억과 기록

왜 우리는 기억하는가? 왜 우리는 기록하는가? 도시에 기록을 남긴다는 것은 무엇을 뜻하는가? 흥미롭게도 이 주제는 도시의 정체성이 흔들릴수록 또는 위협받을수록 더욱 주목을 받게 된다. 한 사회의 정체성이 흔들리거나 위협받을수록 기록에 관심이 집중되는 것과 비슷하다. 무엇을 어떻게 기록하는지는 절대적으로 가치판단의 문제다. 마찬가지로 도시에서 변화하는 공간의 어떤 부분을 어떻게 보전하여 기억하느냐 역시 가치판단의 문제다. 아마도 이 시대에서 기억을 소환하고 기억을 더듬으며 기록으로 남기려는 각종 시도들과 보전과 복원을 위한 노력들이 성행하는 것은, 바로 우리의 정체성에 대한 각별한 관심 때문일 것이다. 그리고 그 정체성을 공유하고, 널리 알리고, 즐기기까지 하려는 이 시대의 심리 상황과 맞물려 있을 것이다.

콘셉트 4. 알므로 예찬

콤플렉스로부터 자존감이 튼튼해지기도 하고 트라우마로부터 성장 동력이 생기기도 한다. 도시를 향한 비판은 거센 편이어서 때로 불만을 넘어 냉소로 가기도 한다. 고발성, 불만성의 문제 제기도 많다. 그러나 그런 비판의 시각에서 한 걸음 벗어나 자신의 도시를 제대로 예찬하는 역량은 절대적으로 필요하다. 약점과 단점을 파악함과 동시에 강점과 특징을 포착할 수 있는 것이다. 무조건 예찬이나 무조건 비판을 넘어서서 그 속내를 알아갈수록 비판적 시각과 함께 예찬의 마음도 작동된다. 이 3부작의 3권인 『우리 도시 예찬』을 거울삼아서 '어떻게 알수록 예찬할 수 있는가'를 논해본다.

콘셉트 5. 대비로 통찰

다른 문화권의 도시에 가보는 이유는 무엇일까? 호기심 때문에? 감탄하기 위해서? 새로운 맛, 다른 맛을 느끼기 위해서? 자유와 해방을 느끼기 위해서? 다른 문화권 도시를 경험할 기회가 많아진 이 시대에 생각해볼 만하다. 함정이라면, 앞서도 거론한 이른바 '벤치마킹'이다. 정치권이나 행정부에서 자주 보이는, 'ㅇㅇ처럼 하자, 만들자, 꾸미자' 같은 태도 말이다. 이는 겉만 번지르르한 모방을 낳기 십상이다. 속 깊은 모방은 새로운 창조의 어머니가 될지도 모른다. 우리는 베끼면서 닮아가고, 섞고 또 섞이면서 또 다른 그 무엇을 만들어내니 말이다. 이 글로벌 시대, 세계가 무차별적으로 섞이는 시대에서, 멀고도 가까운 세계의 도시로부터 무엇을 배울 것인가?

콘셉트 6. 스토리텔링

사람들은 왜 그리 스토리에 열광할까? 스토리는 정말 힘이 세다. 이 책의 이름이 '도시 이야기'이듯 모든 도시, 모든 공간은 특유의 스토리를 안고 있다. 보잘것없고 초라해 보이는 공간이라 할지라도 담고 있는 스토리만큼은 엄청난 경우도 적지 않다. 아름답고 영광 가득한 스토리뿐 아니라 아프고 괴롭고 부끄러운 역사까지도 스토리의 원천이 된다. 마치 에피소드로 이어지는 단편소설집을 다 읽고 나면 각각의 이야기가 커다란 스토리의 일부임을 깨닫게 되듯, 한 점 한 점 공간의 점을 이어가다 보면 스토리가 된다. 공간 스토리텔링의 파워를 깨닫고 있는 시대이기도 하다. 도시에 의도적으로 스토리텔링을 심을 수도 있을까? 가능하지만 남용될 수도 있는 작업이다. 배어 나오는 스토리에서부터 만드는 스토리까지, 진정한 도시

스토리를 이어가려면 어떻게 해야 할까?

콘셉트 7. 코딩과 디코딩

우리는 별생각 없이 아무렇지도 않게 도시 속 여러 공간을 쓰는 것 같지만, 알게 모르게 머릿속에서 계속 판단을 내리며 행동한다. '이 동네, 이 거리, 이 가게, 이 건물은 내가 들어가도 괜찮은 덴가? 여기 앉아도 되나? 여기 쓰레기를 버려도 되나?' 익명의 사람들이 모여 사는 도시에서 다른 사람과 맺는 관계에 신경 쓰면서 나름의 행동 코드를 정하는 것이다. 사람이 만드는 모든 공간과 물체에는 그 어떤 사회적, 경제적, 정치적, 문화적, 심리적 함의가 들어 있다. 차이, 차별, 구분, 분리, 소외, 안전, 배려, 친절, 불친절, 초대, 거부 등의 메시지가 녹아 있다. 공간을 만들면서 의도적으로 함의를 코딩하고, 사람들은 그 함의를 디코딩하면서 공간을 쓴다. 공간은 해석을 필요로 하는 것이다. 우리는 공간이 품은 함의들을 제대로 디코딩하고 있나? 혹시 조종당하고 있나? 코딩된 함의들은 과연 건강한 건가? 좋은 함의를 코딩한 공간이 많을수록 좋은 도시가 될 터이다.

콘셉트 8. 욕망과 탐욕

인간의 욕망으로 태어나고 커지고 운영되는 공간이 도시다. 욕망을 부정한다면 도시 자체가 성립할 수 없다. 게다가 도시란 부가가치를 추구할 수 있는 공간이다. 원래의 가치뿐만 아니라 잉여 가치, 더 부여된 가치, 때로는 상징 가치까지 막강한 힘을 발휘하는 공간이 도시다. 부가가치를 생산하고 향유하는 사이클은 인간의 본능적인 욕망에 너무도 자연스럽게 부합한다. 인간의 근본적 욕망이 체계화되고 합리화되는 자본주의 사회에서 도시란 그 욕망이 최대한으로 전개될 수 있는 공간인 것이다. 관건은 욕망을 어디까지 펼치느냐, 욕망의 기회가 어디까지 주어지느냐다. 욕망이 탐욕으로 넘어갈 때, 그리고 그 탐욕이 도처에서 꿈틀댈 때 도시의 건강은 자칫 위협받는다. '부동산 거품, 사유화, 젠트리피케이션, 싹쓸이 재개발, 뉴타운' 등의 머니 게임에 모두가 플레이어로 뛰어드는 도시가 결코 건강할 리 없다. 왜 우리는 수혜자인 동시에 피해자가 되는가? 혹시 우리도 공범인가?

콘셉트 9. 부패에의 유혹

도시란 인간 사회의 집약체인 만큼 필연적으로 부정·부패·부실·비리·불공정 등 'ㅂ'자 돌림병에 시달리게 마련이다. 이 세상에 유혹이 없는 데가 없지만 유독 도시가 부패에의 유혹에 시달리는 것은 그만큼 유혹거리들이 널려 있기 때문이다. 유혹이란 위험 부담이 큰 만큼이나 수익률도 높으니 마치 도박판과도 같다. 문제는 이 돌림병이 끊임없이 진화해간다는 것이다. 각종 브로커가 판을 벌이고, 가지각색의 '파워브로커Power Broker'가 활약한다. 크고 길게 보면 사회가 깨끗해지는 쪽으로 나아가는 듯하지만, 여전히 특혜와 반칙이 횡행하고 불투명한 과정과 오리무중의 잣대 속에서 부패에의 유혹은 끊이지 않는다. 도시의 사이클을 그나마 투명하게 할 방법은 무엇일까? 사익과 공익은 어떻게 나눠야 하는가?

콘셉트 10. 이상해하는 능력

자기가 속한 문화를 이상하게 볼 수 있는 능력은 인간이 가진 아주 특이한 지적 역량이다. 어릴 때부터 익히 보아온 것이기에, 너무도 젖어 있기에, 주변에서도 당연히 여기기 때문에 별 의문을 갖지 않는 관성과 타성에 맞서보는 것이다. 자신의 문화를 마치 '이방인'의 눈으로 보듯 낯설게 보고 문제를 제기하고 대안을 모색하는 작업들, 여기에서부터 개선과 혁신과 변화가 태동한다. 관건은 현상만이 아니다. 현상 밑바닥에 흐르는 구조적 문제를 직시할 수 있어야 비로소 변화가 태동할 수 있다. 건강한 '이방인의 시각'으로 본다면 우리 도시의 어떤 현상이 그렇게 이상할까? 과연 어떤 구조적 원인이 이런 현상을 만들어내고 있을까? 변화는 가능할까?

콘셉트 11. '돈'과 '표'

누가 이 시대의 도시를 만드는가? 세계 정치 구도, 첨단 기술, 인구 감소, 세계 자본화, 저성장 기조, 사회 양극화, 기후 환경 변화 등 거시적 변화 속에서 도시 역시 요동친다. 성장만 있는 시대가 아니라 축소와 쇠퇴, 퇴출과 소멸까지도 맞닥뜨리는 시대다. 과연 도시는 팽창 과정에서 추구했던 가치를 유지할 수 있을까? 사람은 사람을 부르고 부는 부를 부르고 권력은 권력을 부르는 사이클 속에서 양극화는 가장 심각한 이슈다. 도시 간 양극화, 도시 속 양극화로 자칫 디스토피아로 향할지도 모른다. 겨우 반세기 만에 도시 만들기의 귀재가 되어버린 우리 사회는 그야말로 도시를 '뚝딱' 만들어왔지만 새로운 상황에서 이제 어떤 미래를 선택해야 할까? 그 선택을 하게 만드는 힘은 어디서 나올까? '돈'이 이길까, '표'가 이길까? 그 이상의 다른 힘을 만들어낼 수 있을까?

콘셉트 12. 진화와 돌연변이

도시 만들기는 이어질 것이다. 꼭 신도시가 아니더라도, 도시는 끊임없이 그 안에서 쇠락하거나 재생되고 사라지고 또 새로이 태어날 것임이 분명하니 말이다. 근미래의 도시 만들기에는 어떤 접근이 필요할까? 건설 기술뿐 아니라 정보 통신, 에너지, 환경 기술, 자재와 설비는 끊임없이 새로워질 것이다. 도시 기능과 콘텐츠도 새롭게 등장할 것이다. 사람들의 심리와 삶의 양식도 다양해지고 무엇보다도 변화 속도가 더욱 빨라질 것이다. 여태까지 의존해온 '마스터플랜식' 도시 만들기가 계속 통할까? 좀 더 창의적이고 상상력을 촉발하고 변화에 유연하게 대응하는 도시 만들기 방식은 무엇일까? 진화와 돌연변이, 신도시와 달동네의 도시 만들기를 다시금 돌아본다.

이 책의 한계와 역할

이 책에 등장하는 도시 공간들에 관해서 상세하게 설명하지 못해 아쉽다. 그렇게 했다가는 엄청 두꺼운 책이 될 것이다. 따로 책을 더 써야 할 만큼 하나의 도시 공간은 깊고 넓은 이야기를 담고 있으니 말이다. 저자로서는 어디까지나 '도시적 콘셉트'를 전개하는 데 충실하고자 선택한 글쓰기 방식이다. 도시 3부작의 『도시의 숲에서 인간을 발견하다』는 해외 도시 공간들을 담고 있고, 『우리 도시 예찬』은 우리 도시 공간들을 담고 있으니 구체적 사례에 대한 갈증을 다소 풀 수 있으리라 기대해본다.

저자로서 희망 사항이 있다. 독자들이 '도시적 콘셉트'에 익숙해지면 평소에 도시를 보는 눈에 좀 더 구조적 시각이 갖춰지리라는 기대다. 현상 뒤에 있는 구조를 읽는 시각이 생기고, 현상의 현란한 자태에 덜 속게 되며, 본질적인 변화에 대한 바람을 키우고, 그 바람을 실현하기 위한 전략을 더 잘 가다듬을 수 있으리라 믿는다. 무엇보다도 정책에 대한 분별력이 더 커지리라 기대한다. 도시적 콘셉트에 익숙해지기를 바라는 마음은 저자로서 독자에게 바라는 희망 사항이자, 책을 써 내려가는 나 자신에게 되뇌는 다짐이기도 하다. 흥미진진한 도시 이야기를 통해 인간의 의지와 희망과 소신과 모험과 개척과 제약과 한계와 무한한 가능성을 확인하기를 바란다.

2019년 11월

김진애

차례

1부
모르는 사람들과 사는 공간

2부
감感이 동動하는 공간

3부

머니 게임의 공간

4부

도시를 만드는 힘

1부

모르는 사람들과 사는 공간

익명성이란 도시적 삶의 근본 조건이다.
도시의 익명성은 재앙이 아니라
축복의 조건이 될 수 있다.
서로 모르기에 더 자유롭게 당신과 만나고 싶다.
군림하는 권력이 아니라
믿고 기대며 다가설 수 있는 이 시대 권력을 요구하면서.
내가 디딘 이 시간, 이 공간을 넘어서
역사의 기억을 간직하고
미래를 위한 기록을 남기면서.

콘셉트 1

익명성:
낯선 사람들과 같이 사는 법

길·광장

■ ◇ ○ ✧

"너는, 어디에 가든, 폴리스가 될 것이다."

(Wherever you go, you will be a polis.)

– 아테네 정치인 페리클레스(한나 아렌트, 『인간의 조건』에서 인용)

1

도시란 무엇인가? 도시에서 가장 중요한 것은 무엇인가? 이렇게 핵심을 묻는 질문에 답하기란 쉽지 않다. 도시란 워낙 복합적인 실체인지라 어떤 프리즘에 비추느냐에 따라 다른 색깔을 드러내기 때문이다. 경제, 사회, 문화, 예술, 생활, 정치, 심리, 산업, 지리, 환경, 공간, 건축, 기술, 도시계획 등 어떤 각도로 도시를 보느냐에 따라 다양한 해석이 가능하다. 그 해석 하나하나가 모두 중요하기도 하다. 모든 요소들이 서로서로 작용하면서 총체적 도시적 삶을 구성하기 때문이다.

'도시적 삶'이라는 측면에서 도시란 무엇인가를 감히 정의해본다면 딱 하나다. '도시란 모르는 사람들과 사는 공간'이다. 즉 '익명성'은 도시의 가장 근본적 속성이다. 그렇다면, 도시 공간에서 가장 중요한 것은 무엇일까? 딱 하나만 꼽는다면, '길'이다. 사람이 있는 곳이라면 어디에나 있고, 사람이 움직이면 저절로 나고, 많은 사람이 다니면 확연해지고, 탈것들이 등장하면 넓어지고 빨라지기도 하는 길, 길은 도시에서 가장 중요한 요소다. 도시를 이루는 다른 구조물이나 공간들보다 길은 훨씬 더 생명이 길 뿐 아니라 다소 과장을 보탠다면 영원불멸하는 요소라 해도 좋다.

도시의 가장 근본 조건인 '익명성'과 도시 공간의 가장 중요한 요소인 '길'이 만나면서 도시는 다채로운 드라마를 만들어낸다. 질서와 무질서, 컨트롤과 자율, 신뢰와 불신, 효율과 비효율, 안전과 불안, 행정과 자치, 성격과 이미지 등 인간 사회를 이루는 기본적인 관계가 형성되고 또 그에 대한 가치관이 고스란히 드러나는 것이다. 도시를 권력의 중심, 풍부한 일자리, 높은 수준의 교육 기회, 편리한 거주환경, 다양한 경제활동의 공간, 혁신적 기술 실험장, 풍성한 소비활동 공간 등으로 정의하는 것은 물론 유효하다. 그러나 무엇보다도 도시에 대한 최고의 정의는 '서로 모르는 사람들과 사는 공간'이다. 우리의 심리 측면에서 그렇고 사회를 운영하는 측면에서도 그렇다. 바로 익명성이라는 토대 위에 도시가 구성된다.

익명성,
도시의 근본 조건

익명성은 도시적 삶의 근본 조건이다. 피를 나눈

사람들과 사는 집도 아니고, 피로 얽힌 사람들과 사는 마을도 아니며, 서로 어린 시절을 공유하고 가족의 역사까지도 시시콜콜하게 아는 동네 사람들도 아니다. 유행가 가사처럼, 이름도 모르고 성도 모르는 사람들끼리 모여 사는 공간이 도시다. 낯선 사람들은 선뜻 믿기 어려우니 일단 거리를 두게 된다. 언제 어디서 돌변할지 모른다는 불안감이 드는 것은 물론이다. 꼭 범죄의 위험성이 아니라 할지라도 낯모르는 사람끼리 눈을 어디에 두어야 할지, 말을 걸지 말지, 인사를 할지 말지, 어떤 태도를 취해야 할지 불편한 마음이 들기도 한다. 그래서 더욱 서로 모르는 체, 없는 체, 못 본 체한다.

익명성으로부터 오는 불안감을 줄이기 위해서 사회는 다양한 보호 장치들을 고안해냈다. 복장, 매너, 눈빛, 스타일 등은 기본이다. 신분 사회에서 성행했던 '외양 규제'는 아주 손쉬운 통제 장치였을 테다. 정체가 무엇인지, 어느 계층에 속한 사람인지 보자마자 알 수 있게 함으로써 관계를 규정하고 태도를 정하게 만드는 것이다. 더 이상 신분으로 사람을 분류하지 못하는 현대사회에서도 외양으로 드러나는 장치는 여전히 효과적으로 쓰인다. 딱 보기만 해도 어떤 성향, 어떤 스타일의 사람인지 알아채게 만드는 장치다. 우리들은 알게 모르게 이런 장치들을 파악하고 또 구사한다. 사회의 고정관념을 따르기가 언짢더라도 그 장치들을 수시로 활용하는 것이다. 만만해 보이지 않을 것, 품격 있어 보일 것, 자기방어에 능한 사람으로 보일 것, 공격적으로 보이지 않을 것, 책임감 있게 보일 것, '있어 보일 것' 또는 '없어 보일 것' 등 도시라는 정글 속에서 위험을 피하기 위해서 사람들이 하는 짓은 동물들의 그것과 그리 다르지 않다.

도시 구성 측면에서 보면 '공간 구분'은 익명성을 줄이는 아주 유효한 장치가 아닐 수 없다. 한마디로 '끼리끼리 모여 사는 것'이다. 신분 위계가 공고했던 시절에는 아예 명확하게 거주 공간을 구분했다. 옛 한양을 들여다보면, 왕족과 부유한 양반이 살던 북촌北村이 있는가 하면 상대적으로 빈궁한 양반들이 모여 살던 남산 밑자락 남촌南村이 있었고, 중인 계층은 각종 상업 활동이 펼쳐지던 청계천과 종로 인근에 살거나 또는 경복궁 서편인 지금의 서촌西村에 살면서 궁궐에 필요한 서비스직에 종사하였다. 양민들은 아예 도성都城 밖에 사는 게 기본이었다. '사대문 안(도성 안)'과 '사대문 밖(도성 밖)'을 구분하던 시대였던 것이다. 동서를 막론하고 역사가 긴 도시에는 모두 이런 공간 구분 장치들이 켜켜이 쌓여 있다.

신분 제도가 철폐된 근대 이후 도시에서도 '끼리끼리 모여 사는 방식'은 끊임없이 등장한다. 조금이라도 더 '우리'가 되어 익명성의 위험을 줄이려는 것이다. 도시계획사와 건축 유형의 변화를 들여다보면 끼리끼리 모여 살기 위해서 갖은 수법이 고안되었던 것이 아닌가 싶을 정도다. 아무리 다른 이유로 포장했다 하더라도 말이다. 더구나 그것이 '주류 흐름'으로 존재한다는 것은 씁쓸한 일이다.

예를 들어보자. 근대 산업도시의 원조 격인 영국에서는 19세기 말부터 전원도시garden city 개념이 열렬한 호응을 받았다. 마치 노동계에서 일어났던 러다이트 운동Luddite Movement(기계를 이용한 대량생산의 홍수에 맞서 수공업자의 노동 존엄과 생존권을 지키자며 공장 기계를 파괴했던 운동)처럼, 공해와 밀집과 범죄와 질병으로 찌든 대도시에서 벗어나 전원으로 돌아가자는 움직임이었다. 전원도시 운동은 일종의 환경 운동처럼 받아들여졌고(에벤에저 하워드가 만든 전원도시 개념은 사회개혁론으로 여겨지기도 했다), 영국 문화 특유의 전원적 낭만주의와 맞물려 '이상 도시론'으로 받아들여지기도 했다. 실제로 런던 교외에 있는 많은 소도시들이 전원도시 운동의 영향으로 만들어진 것들이다. 도심은 몰려드는 노동 이주자들로 가득했고 주거 환경은 믿기 어려울 정도로 열악했으며 거리의 질서는 혼돈스러운 시절이었다. 이런 가운데, 마침 두꺼워진 중산층 계급의 등장과 더불어 도심을 벗어나 전원 속에서 사는 삶을 동경하는 흐름이 자리 잡게 된 것이다.

20세기 이후 영국의 전원도시 운동은 미국에서 '교외suburb 개발' 열풍으로 나타났다. 끝없이 이어지는 교외, 너른 잔디밭과 편리한 집과 넉넉한 자연환경은 미국 사람들의 마음을 사로잡기에 충분했다. 사실 그럴 여유만 있다면 누가 마다하랴? 미국이 교외 개발에 성공할 수 있었던 배경에는 떠오르는 중산층, 급증하는 자동차 문화와 자동차 산업, 거기에 포개진 '아메리칸드림'이 있었다. 하지만 그 밑바탕에는 다양한 인종들이 점거해가는 도심으로부터의 탈출이라는 동기가 깔려 있었다. 그런데 아이러니하게도 이 자체가 1960~1970년대 미국의 '도시 위기the urban crisis'를 초래하고 말았다. 중산층이 외곽으로 빠져나가고 도심은 텅텅 비어가고 경제는 무너지고 폭동까지 이어지는데 어떻게 도시가 지탱하겠는가? 안온하고 쾌적한 교외에 대한 꿈에서 시작해서 스프롤sprawl(주택 개발이 교외로 끝도 없이 번지는 현상)이라는 도시 현상으로 거침없이 이어진 미국의 도시 개발은 뜻하지 않은 후폭풍에 시달리게 되었던 것이다.

도시의 익명성은 사회적으로 자주 비판의 소재가 되어왔다. 각박하고 삭막하고 비정하고 비열하기조차 한 도시의 삶을 만드는 원인으로 익명성이 지목되는 것이다. 이런 비판은 상대적으로 도시화 이력이 짧은 우리 사회에서만 나오는 것은 아니다. 도시화가 일찍 진행된 사회일수록 이런 비판이 많이 제기되었고 공동체를 회복한다는 명분으로 다양한 장치들이 모색되었다.

이쯤에서 두 가지 의문이 든다. 첫째는, '과연 도시의 익명성을 없앨 수 있나?' 하는 의문이다. 근본적으로 불가능한 미션이다. 수만, 수십만, 수백만의 사람들이 모여 사는데 어떻게 익명성을 없앤단 말인가? 모르는 사람을 언제 어디서 어떻게 마주칠지 모를 가능성을 품고 살아야 하는 것은 도시의 필연이자 숙명이다. 둘째는, '익명성이 대세인 도시에서 사람들이 나름의 소속감, 보호감, 안정감을 희구하면서 그렇게 끼리끼리 살고 싶어 한다면 그 성향을 받아들여야 하는 것 아닌가?' 하는 의문이다. 계층, 인종, 세대 등 차이를 가진 사람들이 자연스럽게 섞여 살면서 갈등을 줄여나가는 것이 좋다는 사회적 규범이 적절하냐는 것이다.

정답은 물론 없다. 어느 쪽으로 진화하느냐는 전적으로 우리가 어떤 태도로 도시의 근본 조건을 대하느냐에 달려 있다고 본다. 익명성이 근본 조건이 되어버린 도시에서 살게 된 역사는 근대도시화가 일찍이 진행된 서방에서도 기껏해야 200~300년, 우리 사회에서는 100년도 채 안 되었으니 그 조건에 대한 적응은 지금도 진행되고 있는 진화의 과정일 것이다.

'길'이 걸어온 길: '미로도시'와 '격자도시'

이 대목에서 '길'을 등장시켜보자. 현대도시의 익명성과는 달리, 길은 도시가 생겨난 이래 계속 존재해온 공간이다. 기실 사람이 모여 살면 생기지 않을 수 없는 공간이 길이다. 집은 생겼다 허물어졌다 다시 지어졌다 변화를 반복하지만 길은 대체로 그대로 있다. "태초에 빛이 있었다"를 패러디한다면 "도시에 길이 있었다"라 할 수 있을 테다. 적어도 '길이 만나는 곳에 도시가 생겼다'.

길은 언제나 중요했지만 도시에서 길의 존재감이 새삼 커진 것은 르네상스 시대 이후다. 다시 말하면 '성'의 존재감이 줄어든 후에야 길의 존재감이 커졌다. 근대 이전의 도시에서 성의 존재감은 압도적이었다. 성을 어떻게 지키느냐가 도시의 존속과 결부되어 있으니 그렇지 않을 수 없었다. 한나 아렌트가 『인간의 조건』에서 서술했듯, 도시란 '성城'과 '법法'으로 보호받는 영역이었던 것이다. 성 안에 들어오면 보호와 번영이 보장된다. 성 안은 질서였고, 성 밖은 무질서였다. 성 안은 '문명'이었고, 성 밖은 '야만'으로 여겨졌다.

'길은 똑바르다'라는 현대의 선입견과는 달리 성 안의 길은 그리 똑바르지 않았다. 몇 가닥의 주요 길 외에는 그럴 이유가 없었다. 우리가 오래된 역사도시에 관광을 가면 매료되는 미로와 같은 작은 길들이 바로 그런 길이다. '미로도시'는 이른바 중세도시, 근대 이전의 도시에 자주 나타난 패턴이다.

옛 서울, 한양을 봐도 그렇다. 성곽을 세우는 게 첫째 미션이고 주요 길은 남북축 주작대로(지금의 세종대로)와 동서축 종로 그리고 남북축에서 약간 비껴서 보신각과 숭례문을 이어주는 남북 방향 길뿐이었다. 직선으로 뚫리면 적의 공격에 취약하니 택한 방식이다. 나머지 길들은 좁고 휘고 돌아가는 미로 같은 길들이 대부분이다. 지형을 따라서, 때로는 먼저 들어선 집들에 맞추어, 집 크기에 따라 돌고 돌아 마치 나뭇가지처럼 뻗어서 생긴 길이다. 집들은 마치 나뭇가지에 열매가 달린 것처럼 길 주변에 뭉쳐 있다.

생각해보자. 왜 미로도 괜찮았을까? 집을 찾기는 쉬웠을까? 안전 문제는 걱정되지 않았을까? 거리도 멀어지는데 왜? 여기서 길과 공동체 성격의 상관관계를 알 수 있다. 꼬치꼬치 다 알지는 않더라도 나와 비슷한 사람이라는 믿음이 통용되는 사회가 공동체다. 동네가 하나의 공동체이므로 그 안에서의 길은 똑바를 이유가 없다. 이방인들이 들어와서 길을 잃어도 상관없다. 우리 공동체 안에는 비슷한 우리가 살고 있으므로 겁낼 이유가 없다. 구석구석 속속들이 다 알고 있거니와 만약 나에게 위험이 닥치면 누구든 나와서 도와주리라는 믿음이 있다.

똑바른 길이 본격적으로 등장한 시점은 도시의 익명성 레벨이 높아진 때다. 성곽이라는 장벽을 걷어내고 길을 열고 수없이 많은 이방인이 드나들게 되니, 도시 컨트롤이 중요한 공공 과제가 된 때다. 물론 컨트롤이 중요해진 만큼 지켜야 할 자산과 권력의 크기도 커지고, 지켜야 할 것이 많은 만큼 지킬 수 있는 권력도 커진 때다. 자치권 이상으로 공권력이 커지고, 봉건영주가 지배하는 폐쇄적 도시가 아니라 서로 연결되고 활발한 상업 활동이 일어나는 개방적 도시가 되고, 바야흐로 '통일 국가'로의 이행이 일어나던 때다. 일찍이 산업화가 진행된 사회일수록, 일찍이 중앙 권력이 커진 사회일수록 훨씬 더 빨리 곧바르고 넓은 길을 만들었다.

그런데 똑바른 길이 과연 그전에는 정말 없었나? 직선으로 쭉 뻗은 길, 직각으로 만나는 길을 현대적이라 여기고, 사통팔달四通八達 도로를 높게 치고, 격자도시를 현대도시의 고유한 특성으로 여기지만, 여기에는 반전이 있다. 격자도시의 역사를 들여다보면 두 가지 흥미로운 사실이 드러난다. 첫째, 서구에서는 B.C. 6세기에 도시계획적인 격자도시가 등장했다는 것. 둘째, 아시아에서는 중국에서 훨씬 더 먼저 B.C. 12세기에 격자도시가 등장했다는 것. 서양 도시계획사에서는 최초의 도시계획으로 그리스 히포다모스Hippodamos의 격자도시를 거론하는데, 그건 서양인이 쓴 도시계획사다. 중국에서는 『주례周禮』 「고공기考工記」에서 도시의 모델로 격자도시를 그려놨고 대부분의 도시들이 이 원칙에 따라 만들어졌다. 바빌로니아 지역에서도 격자도시라 말을 붙이진 않았지만 그보다 더 오래 전에 격자도시를 만들기도 했다. 만약 '세계도시계획사'가 쓰인다면 중국과 바빌로니아를 원조 도시계획으로 써야 할지도 모른다.

왜 그 오래 전에 격자도시가 쓰였을까? 격자도시는 '계획 도시'였다는 뜻이다. 계획의 주체가 확고해야 한다. 강력한 권력 집중화가 필요하며, 단기간에 도시 성장을 이루는 경제력도 필요하고 토지 소유권과 사용권을 규제해야 하며 인구수를 엄격히 관리해야 했다. 중국은 일찍이 중앙 집중을 이루어 그 조건을 갖춘 국가였고 격자도시를 쉽게 계획할 수 있었다(물론 통치 이념, 사회 구성 이념 등 이념적인 측면도 많다). 중국의 격자도시 모델이 우리나라와 일본 문화에 전파된 것은 익히 알려진 사실이다. 특히 고대 신라의 경주와 고구려의 국내성, 발해 동경의 도시계획은 정확히 격자도시로 이루어졌다. 일본에서는 교토와 나라가 가장 전형적인 격자도시로 그 흔적이 지금까지도 완연히 남아 있다.

서구에서는 격자도시가 왜 식민도시에 주로 쓰였을까? 그리스가 세운 식민도시인 밀레토스Miletos(현재 터키 영토에 속하는 지역이다), 이후의 패권을 잡은 로마제국이 유럽과 아프리카 곳곳에 세운 식민도시들은 하나같이 격자도시로 지어졌다. 그중에서도 독일 쾰른은 상당한 규모의 격자도시로 로마제국 시대의 흔적이 여전히 남아 있다. 식민도시란 한마디로 이방인들의 도시다. 이주민도 많고 유목민도 상인들도 많이 드나든다. 컨트롤이 생명이다. 정확한 도량과 정확한 축척, 한눈에 들어오는 거리, 숨을 구석이나 감출 구석이 없는 도시로 만들어야 일상의 컨트롤이 쉽다.

왜 격자도시가 서구에서 한동안 쓰이지 않았을까? 로마제국의 식민도시들에 사용된 이후에는 1000여 년간 사용되지 않았으니, 이상할 정도다. 사회적 조건이 그러했다. 제국이 붕괴하고 봉건영주들의 시대로 분산되었을 때는 계획도시, 특히 격자도시라는 시스템보다 보호벽으로서의 성곽이 훨씬 더 중요했던 것이다. 격자도시는 언제 부활했을까? 제국주의가 훨씬 더 큰 스케일로 다시 등장하면서 전 대륙을 삼키며 식민도시들을 만들어갈 때다. 아이러니하게도 가장 널리 쓰인 데가 미국이다. 여러 유형의 격자도시들이 등장하는데, 식민지 미국에서 여러 제국들이 활동했고 땅덩어리가 컸기 때문일 테다. 예컨대 동부 뉴욕의 긴 직사각형 격자도시, 남부 사바나의 공원 중심형 격자도시(흥미롭게도 중국의 격자도시 운용 개념과 상당히 비슷하다), 중서부 포틀랜드와 솔트레이크시티의 정방형 격자도시 등 여러 유형들이 나타났다.

이런 격자도시가 다양한 변형을 거쳐서 19세기 유럽 도시들에 다시 적용된 것을 보면, 역사는 돌고 도는 게 아닌가 하는 생각이 든다. 유럽 도시들이 메트로폴리스화하면서 본격적으로 계획적인 확장을 필요로 했던 19세기에 오랫동안 안 쓰던 격자도시의 강점을 새로 발견했다고 할까? 바르셀로나의 팔각형 블록의 격자도시로 만들어진 도시 확장, 상트페테르부르크의 격자도시, 빈의 환상형 격자도시가 그 사례들이다.

길의 얼개를 중심으로 미로도시와 격자도시로 뭉뚱그렸지만,

이것은 어디까지나 아주 단순화한 개념일 뿐이다. 현실 도시에는 두 구조 사이에 수많은 패턴들이 존재한다. 어디에나 있고 비슷해 보이는 길의 얼개가 도시마다 얼마나 다른지, 또 그 길의 얼개가 도시의 성격에 얼마나 영향을 미치는지 알고 보면 놀라울 정도다. '길의 기하학, 기하학의 정치경제학, 기하학의 사회문화학'이라 할까? 도시 형태의 기본이 길의 얼개로 이루어진다. 어떻게 몇 개의 음표로 그 많은 음악들과 그토록 다양한 노래들이 만들어질까, 알파벳 26자와 한글 자모 24자로 어떻게 그 많은 단어와 의미를 표현할 수 있을까 신기하다는 생각이 드는 것처럼 도시에서는 길의 얼개가 바로 그런 요소가 된다. 길의 기하학은 수없는 변용을 거치면서 각 도시의 고유한 패턴을 만들어간다.

광장:
자연 발생적 광장과 계획 광장

이 대목에서 '광장'을 등장시켜보자. 광장은 왜 출현했을까? 아니, 이 질문은 좀 이상하다. 길이 자연스럽게 생겼듯이 광장 역시 아주 자연스럽게 생겼으니 말이다. 모일 곳이 필요했고, 유사시 군대를 꾸려야 했고, 권력은 세를 과시할 공간이 필요했고, 신의 집 앞에는 사람들이 운집했고, 상인들에게는 장이 설 곳이 필요했으니 자연적으로 성문 앞, 궁궐, 종교 시설, 관청 앞에 너른 공간이 생겼다. 도시라는 단어에서 '시市'는 본래 시장을 의미한다. '저자 시市'인 것이다. '도都'가 마을이나 도읍을 의미하니, 도시란 시장 없이는 성립되지 않는다고도 할 수 있다. 시장市場이라는 말도 '저자의 장소'라는 뜻이라는 게 의미심장하다. 워낙 건물이 아니라 너른 터에 수시로 생겼다 없어졌다를 반복하는 공간인 것이다.

서구 도시에는 광장이 있고 아시아 도시에는 광장이 없다고 단언하기는 어렵다. 다만 '너른 장소廣場'는 필요한 대로 만들어졌지만, 아시아 도시에서는 거리의 한 부분으로 받아들여지고 주로 저자가 열리는 등 실용적으로 쓰인 반면 서구권에서는 그리스의 아고라agora, 로마의 포럼forum처럼 '광장 네이밍'을 하고 정치적 의미를 부여하는 문화였다는 점이 다르다. 그리 보면 시민市民의 등장, 시민 공간으로서의 광장 개념에 대해서는 그리스 민주정(정작 오래 지속되진 못했지만)과 로마 공화정에 인류가 빚진 바 크다. 광장에서 소시민으로서 상업, 소비, 오락 활동을 할 뿐 아니라 시민으로서 투표, 발언, 집회 등의 사회참여 활동을 본격적으로 한다는 개념이 우러났으니 말이다. 일찍이 왕조가 강하고 중앙집권제와 세습제가 지속된 아시아권에서 정치 참여 의미로서의 광장 개념은 별무소용이었다. 지엄한 왕권과 통치를 상징하는 너른 광장(예를 들면 광화문 주작대로, 관청 앞 마당 공간 등)이나 가게 거리나 장터를 위한 너른 거리(옛 종로 거리, 남대문 시장터 등)면 충분했던 것이다.

광장은 확실히 우리를 매혹한다. 왜 매혹되는지 유심히 자신의 마음을 들여다본 적이 있는가? 첫째는 공간감이다. 대비 때문에 더욱 인상이 강해진다. 미로같이 좁은 길이나 일상적인 가로와 완전히 다른 스케일의 공간이 눈앞에 펼쳐질 때, 우리는 해방감을 맛보고 비루한 일상과는 다른 차원의 세계가 열리는 느낌을 받는다.

둘째는 찬란함이다. 광장은 가장 멋진 스타일, 가장 비싼 재료, 가장 영예로운 영웅들의 동상, 가장 화려한 분수 등으로 휘황찬란한 공간이 되는 것이다. 이것은 도시 만들기에 아주 좋은 작전이 아닐 수 없다. 도시 모든 곳곳을 찬란하게 만들 수는 없으니 특정한 공간에 투자하고 힘을 주는 것이 아주 효과적이다. 방은 수수하되 한껏 아름다운 것들로 채운 거실을 만드는 집과 비슷한 작전이다.

셋째, 수많은 사람의 존재다. 홀로 있어도 혼자가 아니고, 수많은 사람들과 함께 있어도 혼자다. '아, 나만 홀로 있는 게 아니구나, 사람들은 저리하고 다니는구나, 요즘 유행은 이렇구나, 이 많은 사람들 속에서도 나는 왜 이리 외로운가' 등 사람들의 존재가 주는 흥분감뿐 아니라 광장이 주는 고독감을 확인하는 것조차도 광장의 효용이다.

넷째, 다양한 활동들의 체험이다. 범접지 못할 궁궐이건, 웅장한 청사건, 신의 집이건, 화려한 쇼핑가건, 아이스크림과 샌드위치를 파는 포장마차건, 푸르게 이어지는 정원 길이건 간에 다채로운 활동들이 펼쳐지는 것을 보기만 해도 생의 활기가 느껴진다.

광장을 '도시의 살롱salon'이라고 표현하는 것은 그럴듯하다. 광장에 앉아서 차 한 잔을 마시기만 해도 뭔가 된 듯싶다. 새로운 사건이 생길 듯하고 근사한 사람을 만날 것 같고 어쩐지 기분이 들뜨기

임옥상, 〈광장에, 서〉의 일부, 2017

도 한다. 사람들을 구경하면서 또 나도 구경거리가 되니 한껏 멋을 부리기도 좋다. 도시가 하나의 큰 사교장이라면 광장이야말로 대표 사교장이다.

피렌체 두오모와 바티칸 산피에트로대성당에 이르는 '길'과 '광장'

피렌체 두오모는 아리땁고, 바티칸 산피에트로대성당은 웅장하다. 크기는 둘이 비슷한데 느낌은 왜 그리 다를까? 건축 스타일도 관계있지만, 이 둘에 이르는 길과 광장에 주목해보자.

두오모에 이르는 길은 사방으로 통한다. 주택가 골목길을 통해서도, 명품 거리를 통해서도, 작은 가게들이 늘어선 길을 통해서도 갈 수 있다. 두오모를 빵 둘러 광장이 있다. 모양도 지그재그다. 주말 마켓이 열리고 카페가 열리고 각종 가게들이 빵 둘러 있고 노점상들이 곳곳에 있다. 사람들은 우왕좌왕 광장을 거닌다. 어느 길에서 보는지에 따라 두오모는 다른 느낌으로 다가온다. 때로는 웅장하고 때로는 소담하며 때로는 아리땁다. 마치 돔을 손으로 쓰다듬을 수 있을 듯 돔이 걸쳐 있는 골목 풍경이 가장 인상적이다.

산피에트로대성당은 정면성이 확고하다. 바티칸시국으로 출입해야 하는 이유도 있지만 성당 앞에 그 유명한 두 손으로 싸안은 듯한 형태의 거대한 광장이 있고 그에 닿는 바로크 스타일의 웅장한 도로가 있어서, 투시도의 소실점처럼 산피에트로대성당의 돔이 정확히 중앙에 있기 때문이다. 그래서 산피에트로대성당은 유난히 더 커 보인다.

두 성당에 이르는 방식의 차이를 눈치챘는가? 곧바른 길과 미로와 같은 길, 하나밖에 없는 길과 사방으로 통하는 길, 치밀하게 계획된 신의 광장과 도시 속에 녹아든 광장의 차이이다. 이것은 확실히 알겠다. 산피에트로대성당에서는 두오모에서처럼 〈냉정과 열정 사이〉 같은 로맨틱 스토리가 나올 수 없음을. 실제로 산피에트로 광장은 영화 〈다빈치 코드 2〉와 같은 음모 스토리의 배경이 되었다.

그러나 한 겹을 벗기고 속을 들여다보면 광장이야말로 피가 철철 흐르던 처절한 공간이었다. 정치적 격변기마다 처형식(대표적으로 사보나롤라 수도사가 피렌체 시뇨리아광장에서 처형당했다)과 같은 마녀사냥이 행해졌던 공간이다. 유럽의 수많은 광장들의 처지도 마찬가지였고, 특히 독일 도시의 광장에서는 유대인 사냥까지도 일어났다. 그 유명한 파리의 콩코르드광장에서는 프랑스혁명 후 수많은 처형으로 유혈이 낭자했다. 혁명은 거리에서, 처형은 광장에서 일어났다고 할까? 웅장한 광장이나 유명한 건축을 만든 과정이 꼭 명예로웠던 것도 아니다. 산피에트로대성당과 광장 조성에는 교황청의 비리와 그 유명한 '면벌부 발부' 사건도 개입되었고, 광장 앞의 거대한 가로는 독재자 무솔리니가 나서서 조성하기도 했다.

광장이 서구의 근대 도시계획에서 중요한 요소로 등장한 배경은 충분히 이해가 간다. 앞서도 말했듯 광장은 도시 만들기에서 무척 효과적인 전략 중 하나다. 공공 투자를 적절히 조절하면서도 찬란한 공간으로 보이게 할 수 있고, 광장 주변 부동산 개발에 긍정적 변수로 작용하니 일석이조다. 중간중간 숨통을 틔움으로써 도시의 고밀 개발을 합리화할 수도 있고 광장 자체가 도시적 삶에 여유를 만들어주기도 한다. 길의 패턴과 잘 매치해서 광장을 만들면 효과는 극대화된다.

이러한 도시계획의 대표 격으로 미국 워싱턴 D.C.를 들 수 있을 것이다. 길의 격자 패턴과 방사상 패턴이 만나는 지점마다 광장을 만든 계획이다. 관광객으로서는 내셔널 몰National Mall 주변에서 주로 시간을 보내고 내셔널 몰 자체가 하나의 기다란 광장 역할을 하지만, 크고 작은 수많은 광장들이 워싱턴 D.C. 전체에 걸쳐 있다. 흥미롭게도 프랑스 도시계획가가 설계했고(도시계획가의 이름이 랑팡이라 '랑팡 플랜'이라고 불린다), 떠오르는 국가 미국의 수도 계획이었으며 1791년의 일이었는데, 19세기에 진행되었던 많은 근대적 도시개발이 랑팡 플랜에 영향을 받았다.

아시아 도시들에서 광장이라는 이름의 공간이 본격적으로 등장한 것은 이른바 근대적 도시계획이 덧씌워졌을 때고, 불행히도 외세가 주도한 경우가 많았다. 동남아시아와 중국에서는 수많은 열강들이, 우리나라에서는 일찍이 근대화 도시계획을 받아들였던 일본이 추진했다. 신개발 도시계획이 이루어졌던 항구도시들, 예컨대 진해, 인천, 군산, 목포 등이 그러했다. 가장 충격적인 계획은 역시 서울이다. 성곽을 허물고 주요 도로를 확장하고 사대문 안에 격자형 가로망을 얹은 것도 모자라서 워싱턴 D.C.나 파리처럼 방사상 도로를 얹고 큰 광장을 만들려는 계획까지 세웠다. 1912년의 일인데, 자국 도시에서 반발로 추진하지 못하는 정책을 식민도시에서 더 과감하게 밀어붙이려던 사례다. 다행이라고 할까, 조선총독부 건설에 자원을 집중하면서 이 '경성시구개수계획'은 추진 동력을 잃었다.

그런데 참 신기하다. 우리 도시에서 광장은 그리 환영받은 적이 별로 없다. 적어도 2002년 월드컵 전까지는 말이다(60쪽 광화문광장 이야기 참조). 서울역광장은 그저 기능적인 광장이었고, 서울 시청 앞 광장은 그저 분수대 교통광장이었을 뿐이다. 일제의 도시계획을 통해 만들어진 계획 광장들은 교통광장이거나 분수 광장이었을 뿐이다. 광장은 전형적으로 '이식된 공간'으로 인식되고, '우리 것'이 아니었고, 무엇보다도 '강력히 통제된 공간'이었다. 공권력이 항상 어슬렁거렸고, 언제 어디에 감시의 눈이 있을지 몰랐고, 모이는 행위 자체에 신경을 쓰는 그런 분위기였다.

광장 자체에 대한 거부감에도 불구하고 광장 정신만큼은 활발했던 우리의 현대 역사였다. 거리로 쏟아져 나왔던 수많은 체험과 함께, 다른 나라의 사례들, 이를테면 프랑스의 1968년 학생운동, 워싱턴 D.C. 내셔널 몰에서 열린 워싱턴 대행진, 프라하 바츨라프광장(신시가지에 만든 기다란 광장. 광화문광장과 비슷한 형태다)에서 벌어졌던 프라하의 봄 등 광장 정신의 진수를 보여주는 장면들에 크게 고무되었던 것도 사실이다.

광장의 명明과 암暗은 극과 극을 달린다. 자연발생적 대 계획적, 시민 협치 대 권력 주도, 자유 대 통제 등의 양극단을 오가는 공간이다. 우리가 지금 보는 광장은 주로 관광 공간이 되어 밝고 경쾌한 면들만 보이지만, 기실 무거워 보이는 역사 현장으로서의 광장이 오히려 광장 정신을 근본적으로 보여주는 것일지도 모른다. 권력의 영광과 영예를 보여주는 장소로 광장을 계획적으로 만들었다 하더라도 사람들의 의지에 따라 다채롭게 쓰이는 '너른 장소'가 광장이었던 것이다. 그래서 광장은 언제나 시민의 에너지, 변화의 에너지, 혁명의 에너지가 결집하고 폭발하는 공간이다.

익명성이 길과 광장을 만날 때

이제 도시의 근본 조건인 '익명성'과 도시에서 가장 중요한 공간인 '길'과 길의 한 부분으로서의 '광장'을 만나게 해보자. 어떤 함의가 있을까?

익명성 측면에서 보면 길이란 도시의 익명성이 최대한 표출되고 또 허용되는 공간이다. 누구나 길에 발을 들여놓을 수 있다. 대문에 들어서거나 문을 열고 들어가는 행위는 누군가의 소유 영역 안으로 들어가는 행위이니 제한을 받는 반면, 길에 나서는 행위란 공공영역에서 익명의 사람들을 만나고 그 사람들에게 자신을 동등하게 노출하는 행위이니 제한받지 않는다. 통행할 권리만큼은 그 누구에게서도 빼앗을 수 없다. 모든 사람의 것이자 누구의 것도 아닌 공간이 길이다.

광장은 도시의 익명성을 잠시나마 잊게 만드는 공간이다. 서로 아는 사람이 되는 게 아니라 서로 공유하는 그 무엇이 있음을 잠시 믿게 된다는 뜻에서다. 익명의 우리는 서로 모르고 경계하고 또는 의심하기까지 하는 관계일지 모르지만, 광장에 있는 이 시간만큼은 잠깐이라 할지라도 서로의 존재를 있는 그대로 의식한다. 완전히 오픈된 공간이기에 내가 오픈된 만큼이나 당신도 오픈할 것이라 믿는다. 이러한 순간은 특히 광장에서 하나의 마음이 되는 일이 벌어질 때다. '혁명'이라는 이름으로건, '집회'라는 이름으로건, '피케팅'이라는 이름으로건, '축제'라는 이름으로건 간에 열린 공간에서 같이 할 때 우러나는 마음, 그것이 '광장 정신'이다.

광장 정신은 시민 정신이 된다. 진정한 시민의 탄생은 익명성으로부터 시작한다. 서로 모르는 사람들이 같이 존재하기 위한 약속을 만드는 관계가 시민의 관계다. 일상에서는 그저 지나치며 서로 적절한 거리를 지키지만, '일'이 생겼을 때 서로의 같음을 확인하고 서로의 약함을 도와주고 서로의 마음을 확인할 수 있는 관계다. 평소 어느 정도 거리를 유지할 때 가까이 다가가는 느낌이 훨씬 강해진다.

부정적인 시각이 아니라 긍정적인 시각으로 익명성을 한번 돌아보자. 어떠한 태도를 취할 때 긍정적 익명성이 생기는가? '신분으로 서로를 규정하지 않을 것, 어디서 왔는지 묻지 않을 것, 너와 내가 같은 욕망과 두려움, 불안과 겁, 희망과 소망을 안고 있다고 인정할 것, 어디까지 다가갈 수 있는지 '친밀의 거리'에 대해서 공감할 것, 언제든 다가가고 언제든 멀어질 수 있음을 인정할 것, 질척이지 않으면서도 체온을 느낄 수 있다고 여길 것' 등이 있을 때다. 좋은 측면으로 보면 익명성으로부터 도시의 자유로움이 나오고 가능성이 커진다. 익명성의 조건에서는 '관계'를 다시 정의할 수밖에 없다. 그동안 대체로 부정적으로 봤던 짧은 관계, 지속적이지 못한 관계, 개방적인 관계, 구속적이지 않은 관계, 확률적 만남의 관계의 긍정성을 찾아야 하는 것이다. '도시적 삶 속의 관계'에 대한 정의다.

지금의 도시에서는 익명성을 전제로 해야 진정 도시를 도시답게 다룰 수 있는 안목이 생긴다. 익명의 도시에서 서로 어떻게 덜 부딪치고 사느냐, 낯선 사람끼리 어떻게 해야 서로 덜 다치고 살 수 있느냐, 모르는 사람들끼리 어떻게 덜 부딪치고 사느냐, 그럼에도 불구하고 어떻게 같이 살 수 있느냐, 최소한이라도 서로의 신뢰를 어떻게 만드느냐, 그것들을 어떠한 공공 약속으로 만드느냐가 주요 과제로 떠오르는 것이다.

도시 역시 도시적으로 도시답게 정의되어야 한다. 마을, 성, 동네에서 이루었던 뿌리 공동체적인 개념보다는 자유롭고 개방적이고 또 겁 많은 이방인들이 꾸려가는 도시적 공동체 개념을 상상해야 한다. 좋은 뜻으로서 익명의 도시란 '사교 무대로서의 도시'를 전제한다. 공적 영역으로 나가면 우리는 모두 어느 정도 연기를 한다. 가면을 쓴다고 해도 좋다. 복장 역시 연기를 위한 장치고 몸짓 또한 하나의 연기다. 건네는 인사와 말 한마디가 필요한 반면 서로 적절히 모른 척하고 서로 지나쳐주는 것도 필요하다. 그런가 하면 지켜야 할 공공의 약속은 엄격하게 지켜야 도시 공동체가 지속된다. 이런 역학이 일상적으로 벌어지는 공간이 도시의 공공 영역, 그중에서도 길과 광장이다.

길의 재발견,
광장의 발견

익명성이라는 조건 위에서는 길의 안전을 보장하는 것이 가장 기본적인 도시의 약속이다. 길을 다니는 즐거움을 만드는 것은 가장 고도화한 도시 예술이다. 광장에서 표현의 자유와 집회의 자유를 보장하는 것은 익명의 시민들을 보호하는 가장 기본적인 도시의 약속이다. 광장에서의 환희를 독려하는 것은 순간이나마 도시의 익명성을 넘어서게 하는 가장 고도화한 도시 예술이다.

사람들은 대부분 길과 광장에 대해 저마다 어떤 감정을 갖고 있다. 추억, 그리움, 설렘 그리고 부러움 같은 것들이다. 아마도 '문화 유전자'로 사람들의 마음 깊이 자리하고 있는지도 모른다. 도시에서 길과 광장이 끊임없이 재소환되는 현상을 봐도 그렇다.

도시적 삶의 명암을 오랫동안 겪어온 유럽 도시들은 길과 광장에 대해서만큼은 일찍이 도를 튼 듯싶다. 수많은 정치적 갈등과 사회적 충돌 또한 이방인들과 공존할 방법을 모색하면서 체화한 그들의 도시적 전통이다. 특별한 노력이랄 것도 없이 길과 광장의 전통을 이어간다. 미국 도시들은 '길의 재발견'을 실천하고 있는 셈이다. 쇠락한 도심의 재탄생을 모색하는 과정에서 '스트리트 라이프street life'라는 오래되었지만 냉대받던 아이디어가 새롭게 조명을 받았고, 이후 진행된 도시 재생에서도 즐겨 쓰는 공간 어휘가 되었다. 올드타운의 '메인 스트리트main street' 문화가 기껏 디즈니랜드 안에서 향수의 공간으로 등장하거나 쇼핑몰 안의 명품 거리로만 존재했던 것과는 완연히 다른 변화다. 그전에는 전형적인 미국 쇼핑몰 안에서 인위적인 '광장-길-광장'의 공식으로만 존재했다면, 이제는 일상생활 속에서 스트리트 라이프의 가치를 재발견하고 있는 것이다.

그런가 하면 우리 도시들은 '광장의 발견'을 실천하고 있는 셈이다. '광장이 없어도 광장 정신만큼은 충만했던 우리'라고 표현할 정도로, 길거리를 순식간에 광장으로 만드는 마술을 부릴 줄 알았던 우리 시민들이었다. 그것이 시국 집회든, 정치 행진이든, 거리 응원이든, 축제 행사든 순식간에 거리 공간을 채우고 또 비우면서 광장 정신을 체험하다가 드디어 광장 공간 만들기에 대한 공감대가 만들어졌다.

광장 공간이 생기고 일상적 이용이 상당히 늘었음에도 불구하고 우리의 광장이 자연스럽게 이용되고 있는가에 대해서는 여전히 의문이 있다. 거리 문화가 전통적으로 우세한 사회에서 광장 문화가 도시 삶의 한 부분이 되기에는 시간이 더 필요할지도 모르고, 광장을 바라보는 호의적 시각도 일정 시간이 지나면 잦아들지도 모른다. 하지만 어떻게 광장을 도시적 삶의 한 부분으로 받아들이느냐에 대해서는 여러모로 궁리가 필요할 것이다.

나는 여전히 공식적으로 만들어진 계획 광장보다는 일상적 삶의 한 부분으로서의 너른 공간을 더 선호한다. 계획 광장은 너무 많이, 너무 크게, 너무 화려하게 만들지만 않으면 좋겠다. 일상을 부대끼는 동네들 속에 숨통을 틔울 수 있는 너른 공간이 좀 더 많이 생겼으면 좋겠다는 바람이다. 작은 광장이든 마당이든 말이다. 다만 그런 너른 공간에 이왕이면 이름을 지어주면 좋겠고, 사람들이 그 이름으로 불러주었으면 좋겠다. '○○광장'이라고 이름으로 부르면 친밀도가 높아지고 활용도도 그에 따라 높아지기 때문이다. 골목길이 우세한 우리 도시에서 최근에 골목길에 이름을 붙이곤 하는데, 마찬가지 기대가 생긴다.

광장에 대해서도 각기 취향이 있겠으나 내가 각별히 애정하는 광장들은 대부분 르네상스 시대 이전에 기원한 광장들이다. 자연스럽게 생성된 듯 보이고(물론 그렇지만은 않았고 성당이나 공권력이 작용했다), 일상의 여러 활동들이 아침저녁으로 매일매일 또 주말마다 펼쳐지는 광장들이다. 르네상스 이후 근대 도시에서 만들어진 이른바 계획 광장들은 한마디로 좀 버겁다. 너무 크거나 너무 공식적이거나 너무 형식적으로 느껴지기 때문이다. 르네상스 이전에 생성된 광장은 자연스럽게 생긴 듯 보이면서 유기적인 질서로 돌아가는 것 같아 느낌이 좋다.

길이 좀 넓어진 공간이라는 개념, 즉 '넓은 장소, 광장廣場'의 개념으로 보면 더욱 매력적으로 다가오는 광장도 있다. 예컨대 뉴욕의 그 유명한 타임스스퀘어는 통상적인 광장은 아니다. 여러 가닥의 길들이 만나다 보니 기하학적으로 집이 들어서기 좀 어려운 공간이 생겼고 그 공간을 여러 용도로 쓰다 보니 광장의 성격이 자연스럽게 형성된 광장이다. 세계적으로 유명한 광장이라고 보기에는(송년 행사로 제일 유명한 공간이고 이곳에서 열리는 이벤트들이 전 세계에 중계되기도 한다) 좀 어설프다 싶을 정도다.

비슷한 이유로 런던의 대표 광장인 트래펄가광장도 그 활력이 좋다. 온갖 도로들이 교차하는 지점 한쪽에 너른 공간을 만들어놓았는데, 예의 유럽식 광장의 단아함과 완전히 다른, 정신없는 분위기에 다소 놀라게 된다. 그런데 그게 런던의 활력이다. 옛것과 새것, 전통과 전위, 신사숙녀와 배낭족 노마드, 로컬과 코즈모폴리턴이 마구 섞이는 공간이다.

아마 우리 도시들도 길과 길이 만나는 곳곳에 너른 공간들을 만들어놓고 쓰다 보면 이름이 붙고, 약속 장소가 되고, 장터가 열리고, 피케팅도 일어나고, 때로는 촛불 집회도 열리면서 스스로 광장이 되어가지 않을까? 그래서 유럽의 도시에서처럼 광장 몇 개만으로도 도시 전체가 머릿속에 떠오르고 마치 별자리처럼 도시의 틀이 그려지게 되지 않을까?

서로 모르는 당신과 거리에서,
또 광장에서 스치고 싶다

이 장을 읽으면서 익명성을 도시의 근본 조건이라고 하는 나의 주장에 독자들이 공감했기를 기대한다. 평소 무언가 좀 잘못된 게 아닌가 생각하던 독자, 도시에 대한 불만과 불편함으로 은근한 불쾌감을 지우기 어려웠던 독자라면 더욱, 발상을

전환할 기회가 되었기를 바란다. 도시 속에서 자신의 존재를 어떻게 보느냐에 따라 삶을 대하는 우리의 태도도 달라진다고 나는 믿는다.

길과 광장이라고 하는 아주 당연한 도시 요소에 관해서 이렇게 긴 글이 필요한지 의문하시는 독자라면, 우리 주변에서 얼마나 많은 길들이 사라지고 있는지, 광장에 대한 거부감이 여전히 남아 있지는 않은지도 생각해보시기 바란다. 길의 매력, 골목의 매력을 다시 발견하는 시대임에는 분명하지만, 대규모 도시 개발이 진행되면서 수많은 길들이 속절없이 사라져버린다. 많은 대형 개발이 길과 광장을 시민들에게 내놓지 않고 내부 영역화하려는 경향이 강하다. 사람들이 스스럼없이 다니는 길들이 줄어들면 사람들의 마음도 줄어들고 익명성에 대한 두려움도 더 커질 수 있다. 스스럼없이 다니는 길들이 없어지면 광장이 생길 기회조차 생기지 않을 것이다. 스스럼없이 다닐 길이 있어야, 이왕이면 사방으로 통하는 길이 있어야 너른 공간, 광장도 만들어질 가능성이 높아진다.

'언제나 있을 것 같은 길, 숨통이 트이는 너른 공간'이 도시에서 그리 당연한 것만은 아닌 것이다. 지키고 살리고 만들어야 존재할 수 있는 공간이다. 도시 면적 중 약 3분의 1을 차지하는 공간이 길이다. 쓸데없이 많으니 줄여야 하는 것 아니냐고? 마치 잠이란 쓸데없으니 잠자는 시간을 줄이자는 말처럼 어리석다. 도시에서 상당한 면적을 차지해야만 기능하는 길이라는 공간을 어떻게 그럴듯하게 쓸지는 온전히 우리 자신에게 달려 있다.

모두의 것이자 누구의 것도 아닌 길, 우리가 잠시 쓰고 다른 사람들에게 내어주는 공간, 서로 모르는 사람들이 수시로 만나는 길, 그 길에서 모르는 당신과 잠깐이나마 스치고 싶다. 이름도 성도 모르고 얼굴을 모르더라도, 모르기에 더 자유로운 심정으로 당신과 만나고 싶다.

광장은 드디어 '광장'이 되었다!

역시 사람의 힘이 가장 크다. 염원은 촛불을 불러오고, 촛불은 광장을 밝히고, 더 많은 촛불과 연대하면서 역사의 변화를 만들어 냈다. 이 시대 우리는 광장에서 촛불혁명을 통해 기어코 명예혁명을 이루어냈다. 국민의 승리, 민주주의의 승리, 헌법수호의 승리를 지난한 민주적 절차를 통해 평화적으로 이루어낸 세계사적 장면이었다.

대한민국의 추락하는 국격, 역행하는 민주주의, 무시당하는 헌법 정신과 주권, 추악한 국정농단에서 비롯한 모욕감과 치욕감을 견딜 수 없게 되었을 때 시민들은 광장으로 나왔다. 참을 수 없어서 나왔고 참지 못해서 나왔다가 광장에서 다른 촛불을 만나고 소통하면서 스스로를 치유했고 같이 행동했고 마침내 나라까지 구했다. 대통령 탄핵을 소추한 것은 국회, 탄핵 판결을 한 것은 헌법재판소지만 그 역사를 만든 것은 시민들이 든 촛불의 힘이었다.

'광장'이란 말이 그렇게 자주 쓰인 때가 없었다. "광장에 나가요!"라는 말이 그렇게 뜨겁게 느껴질 수 없었다. "광장에서 만나요!"라는 말이 그렇게 가슴을 흔들 수 없었다. 광장은 우리에게 무엇이었던가, 무엇이 되었나, 무엇이 될 것인가?

광장의 정신으로 충만한 우리 사회

우리 사회는 참으로 신기하다. 실체적인 광장은 없으면서도 가장 광장적인 마음을 간직하고 있으니 말이다. 광장의 정신은 수천 년 동안 사람들의 마음에 잠재해 있다가 폭발하는 걸까? 구한말부터, 일제강점기, 한국전쟁, 분단, 기나긴 독재, 힘겨운 민주 정부의 등장을 거치는 과정에서 축적된 에너지가 폭발하는 것일까? 독립과 해방과 독재 항거와 민주주의와 사람답게 사는 삶에 대한 열망이 어찌도 이렇게 강할 수 있는가?

광장이 없으니 거리로 나섰다. 수없는 역사적 장면들을 만들었다. 대한문 앞의 고종 장례식과 3.1만세운동(1919), 수많은 학생운동, 8.15해방(1945), 4.19혁명(1960), 한일협정반대운동

(1964~1965), 유신반대운동(1973~1979), 서울의 봄과 광주민주화 운동(1980), 6월민주항쟁과 이한열 열사 노제(1987) 등 굵직한 장면만도 이 정도다. 기쁜 감격의 순간은 희귀했고 시민의 승리보다는 패배가 훨씬 더 많았다.

시민의 운동이자 항거의 현장에는 언제나 억압과 진압이 있었다. 공권력이 시민에게 휘두르는 폭력의 현장에는 벽돌과 각목과 쇠몽둥이와 최루탄과 화염병이 나뒹굴었고, 총탄과 탱크마저 있었다. 거리에 흐른 수많은 피가 그 결과였고 끝내 주검으로 스러진 시민들의 주검마저 있었다. 너무도 분노스러웠고 너무도 아팠고 너무도 무서웠고 너무도 치욕스러웠으며 너무도 슬펐다. 그런데, 아마도 그래서, 사람들 마음속의 광장은 끊임없이 더 커져온 것이 아닐까?

광장의 정신을 말할 때 작가 최인훈의 불멸의 소설 『광장』을 빼놓을 수 없다. 일제강점기에서 독립을 쟁취한 기쁨도 잠깐 세계 패권주의에 의해 남북으로 분단되고 이어서 민족 내 전쟁이 일어나고 휴전이라는 이름으로 분단이 공고화된 상황에서, 광장을 찾아 남에도 북에도 시도하였으나 결국 어디에도 속하지 못하고 제3국으로 향하며 산화하는 주인공의 딜레마는 시대정신을 너무도 강렬하게 포착했다. 실망을 거듭하면서도 광장에 대한 갈망을 포기할 수는 없는 것이다.

거리를 광장으로 만드는 마술

20세기까지 우리 도시 전통에는 광장이라는 존재 자체가 없었다고 봐도 좋다. 서구의 도시가 곧 광장의 역사인 것과는 완전히 다르다. 그리스·로마 시대건, 중세 봉건도시이건, 절대군주 시대건, 제국주의 시대건, 계몽군주 시대건, 공산주의·사회주의 사회건 서구 도시에서는 마치 광장을 만들 빌미를 찾으려 도시를 만들기라도 하는 양, 별의별 광장을 만들어냈다.

일제강점기 동안 자칫했으면 서울이 광장과 방사상 도로로 짜인 바로크식 도시로 개조될 뻔한 위험이 있었지만 무산되었고, 일부 신시가지에서 교통광장과 역전 광장 정도를 만들었을 뿐이다. 해방과 전후의 도시 복구 과정에서도 마찬가지다. 민주주의의 상징, 시민 주권의 상징, 시민 소통의 상징, 경제 활력의 상징인 광장을 만들려는 시도 자체가 없었던 것이다. 기껏해야 5.16광장(지금의 여의도 공원)과 같은 독재 시대의 관제 광장을 만들었을 뿐이다.

두 가지 이유 때문 아닐까? 하나는 물리적 실재로서의 광장을 둘 자신이 없다는 것. 학생 데모를 막으려고 대학 위치까지 바꾸는 지경이었으니 사람들이 모여들 광장 조성은 어림도 없었을 테다. 다른 하나는 북한의 도시에 김일성광장 등 수많은 광장이 도입된 것에 대한 일종의 반작용이 아니었을까? 우리는 광장 대신에 공원 만들기를 더 강조한 편이었다.

광장은 없어도 광장 정신으로 가득 찬 우리에게는 거리를 광장으로 만드는 마술이 있었다. 이런 마술적 능력이 있음을 스스로 깨닫고 스스로 놀라버린 계제가 바로 2002년 월드컵이었다. 붉은 악마들로부터 촉발된 광장에서의 "대~한민국" 공개 응원에 몰린 시민들은 남녀노소 가리지 않고 깜짝 놀랐다. 우리에게 이렇게 축제처럼 노는 능력이 있다니? 한국 축구를 응원하는 '애국 마케팅' 측면도 있지만, 태극기를 모티브로 놀고 애국가를 끝까지 부르며 땀에 젖도록 온몸을 쓰고 환호성을 내지르고, 축제가 끝나면 청소까지 깨끗이 하고 집에 가는 모습에 스스로 감격했다. 외신들도 "이런 장면을 본 적이 없습니다!"라고 소리쳤다.

정치권도 놀랐다. 드디어 정치권에서 광장을 만들겠다고 나서기 시작했다. 서울광장, 광화문광장, 청계천광장, 숭례문광장 등 광장이라는 이름을 단 공간이 등장하게 된 것이다. 김대중 정부, 노무현 정부의 진보 정권이 광장 정신을 환영했고, 이명박과 오세훈 두 명의 신자유주의자 서울시장이 물리적인 광장을 직접 조성했던, 절묘한 타이밍이기도 했다.

그러나 새로 조성된 광장들이 이벤트성 광장, 스펙터클spectacle의 광장이 되어버린 것은 어쩔 수 없는 부작용이었다. 시민에게 심적 여유를 주는 공간을 제공했음은 분명하다. 그러나 광장을 끊임없이 채우는 관제 문화행사를 보고 있노라면 지나치게 홍보성과 소비성을 띠고 연예 쪽으로만 접근하는 이러한 볼거리와 놀거리가 과연 광장의 정신인가 하는 의문이 들게 만든다. 이들 공간에서 미국 소고기 수입 반대, 4대강사업 반대, 해고 노동자 복직, 세월호 희생자 추모, 가습기 사고 규탄 등 크고 작은 집회들이 열렸다. 그러나 민의에 따른 이런 집회들도 끊임없이 진압당했다. 경찰과 전경과 차벽만 활용한 것은 아니었다. 관에서 주관하는 문화행사들을 빌미로 관제 언론이 시민의 소리를 왜곡하기도 했다.

광장은 드디어 '광장'이 되었다

2016년 말부터 2017년 초까지 광장에서 일어난 촛불혁명은 광장을 드디어 광장답게 만든 국민의 힘이다. 우리 역사뿐 아니라 세계 역사를 다시 쓴, 창의적이고 염원 가득한 국민의 힘이다. 우리의 광장은 드디어 진정한 '광장'이 된 것이다.

시작은 작았지만 결과는 창대했다. 처음부터 끝까지 평화적이었다. 경찰은 헌법에 명시된 집회의 자유와 시민 보호 원칙을 지켰다. 누구도 연행되지 않았고 물대포는 자취를 감췄다. 서울시를 비롯해 많은 지자체들이 교통 안내와 화장실 제공, 안전 관리 등 우렁각시 역할을 자처했다. 상점 주인들도 마실 것을 제공하고 화장실을 열어주는 등 발 벗고 나섰다. 그저 구호만 외친 것이 아니었다. 수많은 예술문화인들이 그림과 연극과 노래와 퍼포먼스로 광장 속 작은 문화 공간들을 만들어내기도 했다. 많은 시민 단체들이 시민들과 직접 만들고 같이 참여하는 행사를 궁리했다. 친구들과 연인과 가족들과 함께 나왔고 혼자 나와도 무색지 않았다. 광장의 정신을 안고도 지난 역사에서 수없이 항거하며 거리에서 피와 눈물로 울분을 토했던 국민들이 처음으로 완벽한 치유의 과정을 거쳤다. "우리는 왜 광장을 끝까지 지켜야 하나, 왜 광장의 정신을 끝까지 지켜야 하나?"에 대한 답을 찾았다.

광장은 태극기와 성조기를 흔드는 탄핵 반대 집회의 목소리도 담았다. 그들이 아무리 극우적이고 시민 안전을 위협하고 폭력적인 언사를 쓰더라도 소수의 목소리 또한 광장에 담길 수 있음을 확인한 것이다. 광화문광장과 서울광장, 남북으로 분단된 광장의 모습은 안타까웠고 때로 나타나는 폭력에 대한 시민의 톨레랑스가 얼마나 버틸 수 있을지는 모르겠지만, 그들 역시 광장의 정신을 통해 스스로를 정화하고 민주 시민으로 진화하는 과정을 거쳐야만 한다.

2017년 광장 이후의 광장에 주어진 과제

광장의 위대한 승리를 맛본 이제 우리의 광장은 어떤 과제를 가지고 있을까? 광장의 정신을 잊지 않으면서 광장 역시 진화해야 한다.

첫째는 '일상의 광장'을 만드는 일이다. 큰 광장에서 쟁취한 승리로 이 세상이 단박 좋아진다고 생각하는 시민은 없다. 그 정도로 시민은 성숙했다. 도시의 광장뿐 아니라, 우리 동네의 광장은 어디일까? 어디에 모일 수 있을까? 일상에 담겨 있는 민주주의와 시민 주권이란 무엇일까? 일상의 촛불, 일상의 문화를 어떤 공간에 어떻게 담을까? 둘째, 광장 디자인을 바라보는 관점을 어떻게 바꿔야 할까? 미숙한 광장 디자인에 대해 전문가로서 가졌던 죄책감은 광장을 창의적으로 쓰는 시민의 힘을 보며 완전히 풀렸지만, 그렇다고 과제가 없어지는 것은 아니다. 관제 광장을 벗어나 우리가 사랑할 수 있는 광장은 어떤 모습일까? 셋째, 광화문광장의 세계사적 의미를 어떻게 기려야 할까? '헌법수호광장'이라고 이름이라도 새로 지어야 할까? 광화문, 시청 앞, 숭례문, 서울역으로 이어지는 독특한 거리 광장의 줄기에서 일어났던 역사의 의미를 어떻게 기록해야 할까?

"차라리 직접민주주의를 해도 되겠어요!"라는 찬사를 들을 정도로 광장의 시민들은 놀라웠다. 광장이 없어도 거리를 광장으로 만드는 능력과 광장의 정신을 가진 이들이 바로 우리 시민이다. 지금도 도시 곳곳의 광장과 거리에서 시민들은 자신의 뜻을 표현하기 위해 직접 행동에 나서고 있다. 시민들의 다양한 뜻이 대의민주주의의 현실적 정치 영역에서 슬기롭게 풀릴 성숙한 시대를 그리며, 광장의 정신은 이어지고 광장이 우리 도시의 뜻깊은 공간으로 진화하기를 기대한다.

콘셉트 2

권력과 권위:
존경인가, 사랑인가?

청와대·국회·청사들

■ ◇ ○ ✧

“내가 원하는 것은 성에서 베푸는 은총의 선물이 아니라 내 권리요.”

– 프란츠 카프카, 『성』

도시 이야기를 전하다 보면 권력 공간에 대한 사람들의 관심이 유독 크다고 느낀다. 상업 공간이나 문화 공간, 거주 공간에 대한 관심과는 급도 다르고 결도 다르다. 평소에 접하기 어려운 공간이라서 호기심이 발동하는 걸까? 어떤 비밀이 숨겨져 있다고 짐작하는 걸까? 권력이란 좀 다른 방식으로 작동한다고 생각해서일까? 권력자들은 뭔가 다른 공간에 살 것 같다는 가정 때문일까?

짐작하는 이유는 두 가지다. 일단 권력 공간은 그 도시를 대표하는 공간인 경우가 많다는 것이 하나다. 한 나라의 수도든 지방 소도시든 어떤 도시에나 권력 공간이란 존재하고 긍정적이든 부정적이든 핵심 역할을 담당하기 마련이니 당연히 이목이 쏠린다. 더 큰 이유라면, 권력 공간에 얽힌 스토리 자체가 흥미진진하기 때문일 것이다. 권력의 탄생과 성장과 클라이맥스, 권력 투쟁, 권력자의 캐릭터에 대한 이야기란 언제나 사람들을 흥분시킨다. 역사적 사건들이 벌어진 무대라는 점도 상상력을 자극한다. 피가 철철 흐르고 수많은 해골들이 출몰하면서 때로는 영웅적 서사, 때로는 민중적 승리, 때로는 비극적 파국, 때로는 막장 드라마 같은 사건들의 배경이 되니 말이다.

권력에 대한 대중의 관심은 그리도 크지만 권력에 대한 태도는 언제나 이중적이다. '권력 숭배'와 '권력 비판'이 동시에 나타난다. '권력 인정' 심리와 '권력 저항' 심리가 맞물리기도 한다. 믿고 싶고 자랑스러워하고 싶은 마음과 못 믿겠고 못마땅해하는 마음이 동시에 나타나기도 한다. 가까이하기엔 너무 멀고 그렇다고 너무 가까이 오면 경계심이 발동한다. 권력이란 그렇게 다중적인 존재, 호호 불어야 하는 뜨거운 감자인 것이다.

두려움인가 사랑인가?

권력의 속성은 무엇일까? 권력자에게는 '취하고 키우고 지키는' 것일 테다. 권력이란 취하는 것 이상으로 지키기가 어렵다는 진실은 역사가 증명한다. 권력을 지키기 위해서 다양한 수단들이 동원된 것은 이 때문이다.

희대의 현실론자 마키아벨리는 "사랑을 받기보다는 차라리 두려움의 대상이 되라"라고 그의 책에서 말했지만 이 말을 뒤집어보면 그만큼 사랑받기가 어렵다는 판단 아니었을까? 권력자가 두려움의 대상이 되기란 사랑받기보다는 상대적으로 쉽다. '강력强力'을 갖추고 '권력 상징'을 유지하면 된다. 권력자들이 사랑받으려는 노력을 얼마나 했는지에 대해서 역사에 별로 기록이 없는 것을 보면(가끔씩 관대함을 과시하는 행사를 열기도 했지만) 두려움의 존재로 군림하기가 더 쉬움은 분명하다. 범접하지 못할 위엄을 갖추고 존엄으로 숭앙받으며 튼튼한 세력을 갖추고 추상같은 공권력을 행사하면 되는 것이다.

불행히도 또는 당연하게도 도시와 건축은 권력의 존재를 증명하고 과시하는 데 아주 효과적인 수단이다. 동서양의 도시를 막론하고 인류 공통의 현상이다. 하물며 민주주의를 표방하던 아테네에서도 권력자 페리클레스는 엄청난 돈을 들여서 아크로폴리스의 파르테논신전을 재건하여 아테네의 영광을 만방에 과시하며 권력을 공고히 했다. 신전 건축 자금은 이웃 도시국가들끼리 안보를 위해 맺었던 델로스 동맹이 모아놓은 전쟁 펀드(또는 평화 펀드)에서 끌어다 썼으니 권력 의지가 얼마나 컸는지 알 수 있다. 로마 공화정에서는 새로운 권력자가 나타나면 사재를 털어서 포럼이나 신전을 하나씩 세워 공화정에 대한 봉사 정신을 표하는 게 하나의 전통이었다. 시민에게도 나쁘지 않은 전통이었고, 권력자에게는 시민의 존경심을 얻고 자신의 재력을 위풍당당하게 과시하면서 또 다른 재력 확대의 기회를 확보하는 일석삼조의 프로젝트였을 것이다.

사정이 이러하니, 단일 파워가 더욱 강력해지는 '왕국, 봉건영주국, 신의 나라, 중앙집권 국가, 제국'에서는 더 말할 것이 없다. 성은 높아지고 망루는 두꺼워지고 신을 모신 집들은 커지고 궁궐은 화려해지며 길은 더 곧고 넓어졌다. 절대군주가 나올수록 권력 과시는 더 극성스러워졌고 하물며 도시를 파괴하는 행위까지 권력을 과시하는 수단이 되었다. 전쟁에서 이기면 패배한 도시를 온통 불태워버리는 일도 허다했거니와 때로는 소금을 뿌려 아예 생명의 씨를 말려버리는 짓까지 했으니 말이다.

제국주의帝國主義로 가면 강도는 더한다. 제국주의 도시들이 화려해지는 것은 그렇다 하더라도, 식민도시들에까지 왜 그렇게 화려한 건물들을 지었으며 왜 그렇게 근대도시적인 요소들(격자도로, 방사상 길과 광장 등)을 덮어씌웠겠는가? 특히 수탈의 사령탑으로 쓰이는 관청과 종교 건물들은 때로 본국의 그것들보다 더 화려하게 짓기도 했다. 권력의 힘을 만방에 알려 식민 통치를 수월하게 집행하기에 아주 효과적인 방식이 아닐 수 없었다.

전체주의 정권, 권위주의 정권, 독재 정권에서 공간 정치는 더욱 기승을 부린다. 통제와 폭압, 검열과 사찰을 통한 철권통치하에서는 군과 경찰과 사찰 기관만 커진 게 아니라 도시 풍경 자체가 바뀌었다. 예컨대 히틀러와 무솔리니가 만든 온갖 기념비적인 건축물들로 채워진 도시 구상은 그 히스테릭한 '거대주의'에 현기증이 날 정도다. 나치의 전당대회로 유명해진 뉘른베르크(대형 깃발과 거대 조

임옥상, 〈자금성 연가〉의 일부, 2011

형물과 신전을 몇 배로 튀겨놓은 듯한 나치 건물들), 베를린을 세계 수도로 변모시키려던 히틀러의 게르마니아 계획(파리를 그리 동경했던 히틀러는 파리의 샹젤리제보다 몇 배나 넓고 긴 거리와 거대한 개선문, 바티칸의 산피에트로대성당의 돔보다 열여섯 배는 더 크고 높은 국민대회당 등을 구상해놓았다), 로마제국의 영광을 되찾겠다고 세운 무솔리니의 계획(그 모형들이 로마 인근 신도시의 박물관에 고스란히 전시되어 있는데, 보고 있자면 구역질이 날 정도다). 모두 반면교사로 삼을 만한 사례들이다.

이 모든 권력 공간의 과시는 근본적으로 '두려움'을 기반으로 한다. 물론 경외도 작용했겠고 때로는 자긍심도 출현했을 것이고 강렬한 애국심과 민족애도 작동했을 테지만, 그 밑바탕에 흐르는 것은 두려움이다. 부자유, 불공정, 무소불위의 권력에 대한 분노는커녕, 계란으로나마 바위를 칠 용기는커녕, 무거운 침묵만이 흐르며 억압감, 모욕감, 굴욕감, 패배감이 따라오고 밑도 끝도 없는 자기 검열, 자기 부정의 나락으로 떨어지는 분위기가 자욱해지는 것이다.

프라하에 갔을 때 나는 프란츠 카프카의 소설 『성』이 왜 쓰였는지 완벽하게 헤아릴 수 있었다. 물론 카프카가 처했던 상황은 물리적인 것 이상으로 시대적인 것, 예컨대 세기말적인 분위기, 관료주의와 속물주의가 팽배한 사회 분위기, 제국주의적 폭력성, 유대인으로서의 정체성 등 정치사회적 변수가 크게 작용했겠으나, 프라하의 높은 언덕 위에 우뚝 서 있는 성, 마치 망루와 성곽과 궁궐과 성당을 섞어놓은 듯한 성의 존재를 보는 순간, 나는 카프카에게 완전히 감정이입했다. 성으로 구불구불 오르는 유대인 동네의 작은 골목에 다쓰러져갈 듯이 작은 카프카의 집에 들어서는 순간 나는 그의 심리 상황에 완벽하게 빙의될 것 같았다. '나는 얼마나 초라한가, 나는 언제 밟힐지 모를 벌레에 불과한가, 이게 아닌데, 나는 결국 스러져버릴 것인가' 등 스산한 감정에 사로잡히게 되는 것이다.

프라하의 아름다움은 권력의 풍경이라는 측면에서 보면 무척 딜레마다. 지금은 밤이 되면 그 성에 환하게 조명을 밝혀 인상적인 야경을 연출하고 있으나, 환한 성을 볼 때마다 나는 카프카의 『성』 이미지를 벗어나지 못한다. 카프카가 상징적으로 묘사했듯이, 도시에서 권력이 펼치는 풍경은 압도적으로 인간의 심리를 좌우할 수 있는 것이다.

우리 사회에서의 '권력'과 '권력 공간'들

권력에 관한 한 우리 사회는 독특한 딜레마를 갖고 있다. 근·현대기의 짧은 시간 동안 워낙 여러 권력의 형태들을 아주 진하게 겪어왔기 때문이다. 관습적인 숭배와 복종으로서의 권력(왕조와 신분 사회), 무능하고 무기력한 권력에 대한 비판과 연민(구한말), 제국주의 권력에 대한 항거와 불복종과 독립 투쟁(일제강점기), 권위주의 독재 권력에 대한 항거와 암울한 침묵(20세기 후반부),

끈질기게 이어온 광장 정신(민주화운동), 다시 찾은 시민 정신(21세기 촛불) 그리고 우리 머릿속에 자리 잡고 있는 이질적인 북한의 체제와 풍경(사회주의와 전체주의) 등 우리 사회는 참으로 복합적이고 갈등적이고 또한 모순적이다.

그래서 그런지 권력의 존재 이유에 흔쾌하게 긍정하기도 어렵고, 권력 공간의 구성과 이미지에 일관된 개념을 잡기도 쉽지 않다. 정서적인 권력 개념과 이성적인 권력 개념 사이의 괴리도 적지 않다. 우리의 현대 권력 공간이 언뜻 보기에도 일관적이지 않은 것 역시 우리가 겪은 역사 속 권력 개념이 모순되고 또한 아직도 끊임없이 진화하고 있는 상황과 무관치 않을 것이다.

우리 도시들에서 현대 권력 기관들은 치밀한 계획하에 만들어지기보다는 그때그때 필요에 따라서 만들어진 경우가 많다. '마스터플랜'이란 없었다. 마스터플랜이 꼭 있어야 한다는 뜻은 아니다. 다만 어느 사회에서나 권력 기관들은 나름 꽤 촘촘한 계획에 따라 지어지는 편인데, 우리는 그렇지 못했음을 지적하는 것이다. 콘셉트도 분명치 않았다. 예컨대, 권력이 어떤 역할을 해야 하는가, 권력이 국민들과 어떤 관계를 맺어야 하는가, 권력의 운영과 공간의 운영은 어떤 관계인가 등에 대한 개념도 별로 성치 않았다. 사실은 충분히 고민할 여유도 없었고, 치열하게 고민할 용기도 없었을 테다. 일제강점기에서 해방 공간으로, 한국전쟁 후의 피폐한 경제에서 부패한 독재 정권으로, 군사 쿠데타로 들어선 권위주의 정권까지 숨 가쁘게 달려온 대한민국의 20세기는 권력의 정통성에 대해서 항상 불안해하는 상태였기 때문이다.

돌아보면 조선은 창업 정신이 분명했을 뿐 아니라 국가 통치의 기틀을 새로운 수도의 공간 체계로 실현하는 일에 일관된 콘셉트를 작동시켰다(한양의 공간 구조에 관해서는 『도시의 숲에서 인간을 발견하다』 참조). 수도의 입지를 선택함에 주도면밀했고, 통치라는 측면에서 도시를 구성했고(신분 사회의 공간 구조화, 기능적 영역 구분), 정권 안위를 위한 방위 체계에 철저했고(한양 성의 구조, 궁궐의 구조, 내성과 외성, 내산과 외산 등), 정권을 유지하는 경제 기반에 치밀했고(한강 수계, 농업 기반, 육의전 등에 독점권을 부여하는 등), 권위를 유지하는 공간 어휘(규모뿐 아니라 높이 규제, 정궁 구성과 주작대로)에도 철저했다. 그것을 마땅해하든 그러지 않든 그 콘셉트는 내적 완성도를 지니고 있었다.

일제강점기의 수탈 통치는 폭력적으로 작동했다. 성곽 해체, 거주지 구분(신거주지와 구거주지), 상권 구분(종로통의 구상권과 명동, 신촌 등의 신상권 등), 수탈에 최적화된 노선으로 짠 광역 교통 체계(경인선, 경부선, 경원선 등), 무력 통치를 위한 군사권 근접 배치(용산 군대 배치 등), 제국의 무소불위 권력을 철권처럼 휘두르는 형태의 건축물들(신고전주의 양식의 조선총독부, 경성부청 등)까지. 특히 조선시대 권력의 상징 축 위에 있던 건축물들을 없애고 식민 통치 건물을 세우는 데 거침이 없었으며(광화문을 없애고 조선총독부를 건립하는 등), 남산에 일본 신사를 짓는 등 행위 하나하나에 기능적 목적뿐 아니라 공간을 통해 식민 통치의 위력을 과시하려는 의도가 명백했다.

1945년 해방 이후에 우리의 권력 공간들은 그리 흔쾌하지 않은 행로를 걸었다. 그것은 공간 개념 자체의 문제라기보다는 권력의 정체성에 대한 개념이 모순적이거나 모호했기 때문일 것이다. 대표적인 권력 공간이라 할 수 있는 청와대와 국회의 행로를 보면 분명해진다.

청와대 공간은 왜 자주 거론될까?

청와대만큼 사람들 입에 오르내리는 권력 공간도 없다. 대통령이 바뀔 때마다, 대통령 주변에서 정치적 스캔들이 일어날 때마다 청와대 집무실 구성을 놓고 여러 비판과 제안이 나온다. 신기한 현상이다. 외국에서는 대통령의 직무 수행에 대해서 불만이 나올지언정 집무 공간 자체에 대해서 왈가왈부하는 경우는 별로 없기 때문이다. 이 자체가 청와대 공간의 모순을 보여주는 건지도 모르겠다.

청와대의 시작은 그리 산뜻하지 못했다. 1948년에 '경무대景武臺'로 이름만 바꿨을 뿐 일제강점기 총독 관저였던 건물에 들어앉은 것이다(경복궁 후원 자리에 일제가 총독 관저를 지었다). 4.19혁명 이후에 윤보선 대통령이 이승만 정부의 부정적 이미지를 씻어내기 위해서 '청와대靑瓦臺'로 개명했지만 공간은 그대로 썼다. 이후 정부 기능이 커지고 경제력도 성장했음에도 불구하고 개보수를 했을 뿐 박정희 정권 18년 내내 그대로 유지되었다. 1990년대 노태우 정부가 되어서야 청와대는 본격적으로 재구성된다. 무려 반세기를 그대로 눌러앉아 있었던 것이다.

노태우 정부는 나름 마스터플랜을 세웠으나 개념은 시원찮은 것이었다. 좋은 말로 하면 '아름다운 정원 속 청와대 마을'이겠지만, 요약하자면 청와대의 모든 기능을 뿔뿔이 흩어놓은 것이다. 대통령 집무실이 있는 본관은 북악산을 배경으로 독채로 세웠고, 비서실 공간(현재 여민관)과 상당한 거리를 두고 분리되었다. 대통령이 사는 관저는 물론 별채였고, 영빈관도 독립 건물, 기자들과 만나는 춘추관도 별도 건물이다. 전통 한옥으로 지어진 외국 손님 영접 공간인 상춘재 역시 별채다. 대체 왜 이렇게 흩뜨려놓았을까? 하나하나 위엄 가득하게 짓고 싶었던 걸까? 대통령의 동선을 완전히 분리하여 경호를 용이하게 하려는 이유였을까? 이유는 알 길이 없으나 위치만 놓고 봐도 시민의 발길은커녕 눈길까지도 피하려 했음은 말할 것도 없다.

청와대와 달리 한양의 궁궐은 공간 개념이 훨씬 더 분명했다. 도시에서 상징적 중심이자, 건축적으로 숭배와 경외의 대상으로서 존재감을 확고히 했고, 지엄한 권위의 실재를 느끼게 함으로써 상징 권력을 강화했다. 더욱이 경복궁과 창덕궁(경복궁이 임진왜란에 소실되어 고종 때 중건될 때까지 정궁 기능을 담당했다)의 공간 구성은 청와대보다 훨씬 더 짜임새가 있다. 각 기능을 담는 공간은 청와대처럼 '채'로 독립적으로 구분되지만, 서로 마당으로 이어지고 회랑으로 연결되며 공간이 긴밀하게 연속적으로 짜여 있다. 지금과 비교하면 규모는 작지만 각각 독립되면서도 연결된 공간을 구성함으로써 국가 행정의 효율성을 높였다. 궁궐의 이러한 공간 체계 속에서 대신들은 물론 국왕도 걸어 다닐 수 있었고 마치 '도시 속 도시'처럼 작동할 수 있었다.

한양의 기획자이자 계획가이자 설계자인 정도전은 분명 권력의 상징성과 권력의 실제 운용에 대해서 상당히 고심했음에 분명하다. 육조六曹(현재의 정부 행정부처)들이 모여 있는 주작대로를 세운 것이나 그에 바로 이어서 운종가雲從街에 상권을 형성하게 한 것이나, 권력을 세우고 지탱하고 유지하는 힘에 대해서 깊이 성찰했을 것이다.

현재의 청와대 공간에 제기되는 문제는 상당히 많다. 합리적인 문제 제기는 주로 두 가지에 집중된다. 하나는 '구중궁궐九重宮闕' 이미지를 탈피하고 국민들과 가까워지라는 것, 다른 하나는 대통령과 비서진의 업무 공간을 가까이 두어 업무 효율성을 높이라는 것이다. 한마디로 '대통령을 홀로 두지 말라'는 것이고, '비서진과 유기적으로, 팀으로 일하라'는 것이다. 최고 권력자가 빠질 수 있는 고립과 독선의 함정을 경계하라는 것이 핵심이다.

노태우 정부가 왜 이런 청와대 마스터플랜을 만들었는지 이유는 분명치 않으나 이후 대통령들의 기록을 보면 대통령 관저에 스스로를 유폐했다 할 정도로 이상스러운 행적이 밝혀진 박근혜 대통령 외에는 대체로 청와대의 분산 구성을 무척 불편해했던 것으로 알려져 있다. 김영삼, 김대중 대통령은 본관에 일부 비서진을 배치하는 시도를 했고, 노무현 대통령은 답답함을 토로하다 못해 비서진들이 근무하는 여민관 건물에 아예 대통령 집무실을 별도로 설치해서 자주 사용했으며, 이명박 대통령도 초반에 청와대 구성을 대폭 고쳐보려고 했다가 결국 이루지 못했다는 일화가 전해져온다.

비서를 부르면 최소 10분 이상은 기다려야 한다면 얼마나 갑갑하겠는가? 바로바로 묻고 듣고 보지 못하면 활동 양식이 경직되기 마련이다. 그러다 보면 미리 짜인 회의 일정대로, 외부에 공개된 회의 위주로, 카메라에 찍히는 의전 위주로 활동 동선이 정해지게 되고, 대통령과 주변과의 관계는 점점 더 소원해지거나 선택적으로 이루어질 개연성이 높아진다. 거리가 멀면 관계도 멀어진다. 홀로 있는 시간이 많아지면 마음도 비어간다. 권력자가 따로 있을수록 가까이 다가서는 접근성이 줄어든다. 그러다 보면 접근 가능한 측근의 문제가 생기고, 측근의 문제가 생기면 권력의 쏠림과 왜곡 현상이 뒤따른다.

청와대 공간에 대한 비판이 나올 때마다 자주 소환되는 사례가 백악관이다(영국 총리 관저인 다우닝가 10번지도 자주 거론된다). 대통령이 거주하는 공간은 가운데 본채에 있고, 양쪽에 대통령의 집무 공간인 웨스트 윙과 영부인의 집무 공간인 이스트 윙이 있으며, 지하에는 엄청난 규모의 서비스 공간이 들어서 있는 백악관은 건물

자체가 일종의 복합 건물이다. 대통령 집무실과 모든 비서진과 프레스룸이 같은 건물에 모여 있어서 대통령과 비서진의 긴밀한 소통은 물론 언론과의 소통도 훨씬 더 열린 환경에서 이루어진다. 물론 우리가 뉴스나 드라마에서 보는 열린 소통의 장면 속에도 그들만의 권력 관계와 의전 형식이 작동된다. 다만 볼 때마다 항상 눈에 들어오는 특징이 있다. 어떻게 저렇게 프레스룸이나 국무회의실 같은 작은 공간 안에서 거의 부대끼듯이 접촉할까? 친밀 거리와 소통에 대한 개념이 확실히 다르다. 대통령 집무실인 오벌 오피스Oval Office도 문은 다섯 개나 달렸지만 크기는 우리의 대통령 집무실의 절반 정도에 불과하다.

백악관도 처음부터 지금과 같은 모습은 아니었다. 큰 화재 후 리모델링 비용을 아끼려고 건물 전체를 흰색으로 칠했는데 그 모습이 대중에게 호응을 얻어 화이트 하우스란 이름을 얻은 백악관은 외양만 지켰을 뿐 전체 구성은 끊임없이 진화해왔다. 여러 대통령을 거치면서 지켜야 할 전통과 변화시킬 수 있는 부분을 잘 구분해왔다. 그것이 미국이라는 신생 국가가 200여 년 동안 권력에 대한 개념을 성장시키고 지켜오는 과정이기도 했다.

과연 우리의 청와대는 어떻게 진화해갈까? 기대가 되는 대목이다. 문재인 정부에서 광화문으로 대통령 공간을 옮긴다는 공약이 나왔다가 취임 후 검토 끝에 불가능하다는 결론을 내고 장기 프로젝트로 둔 바 있다. 광화문 지역에 충분한 공간을 확보하기도 어려울 테고 특히 경호 차원에서의 난관은 상상을 초월할 것이다. 내 개인적 생각으로는 지금 있는 자리에서 청와대가 진화할 수 있는 혁신 방안을 고민해봤으면 한다. 청와대의 첫 마스터플랜이 세워진 지 30년이 흘렀다. 여러모로 미숙했던 그 시대와 다른 시대다. 정치적 시행착오를 수없이 겪으며 비싼 수업료를 지불했고, 권력에 대한 국민의 태도도 많이 성숙했다. 문재인 정부의 청와대 개방 의지와 여러 실천들이 좋은 반응을 얻고 있기도 하다. 어떻게 하면 청와대를 국민에게 개방함과 동시에 권력 공간의 구성을 생산적으로 바꾸어갈 수 있을까? 이 방향이 훨씬 더 의미 있는 과제가 될 법하다.

대통령 임기는 5년 단임제에 불과하다. 공간 개선을 계획한다 하더라도 임기 안에 실행하기는 어렵다. 당사자가 쓰지 못할 공간을 계획하는 데 힘을 쓰게 되지 않을 수도 있다. 정부는 국회에 예산 배정을 요청하기 부담스러워 지레 의지를 꺾거나, 국회는 청와대 운영을 비난하면서 갖은 이유로 예산을 삭감하는 행태가 반복되어 왔다. 이런 악순환의 고리를 깨기 위해서는 대한민국이 같이 키워내야 할 대표적 권력 공간이 어떤 개념이어야 하는지에 대해서 본격적인 논쟁이 일어나는 게 가장 좋은 시작이 될 터이다.

국회, '마징가 제트'라도 튀어 나오면 좋겠다

그렇다면 또 다른 대표 권력 공간인 국회는 어

떨까? 말 많던 국회의원 배지가 2016년에 드디어 바뀌었다. 예전 배지는 '나라 국國' 자를 변형해 네모를 동그라미로 표현하고 가운데 '或'을 넣었다. 바로 이 '혹' 자 때문에 국회가 그리 시끄럽다는 속설이 생기기도 해서 아예 한글로 '국회'라는 글자를 넣은 배지로 바꾸었지만 국회는 그리 달라진 바 없다.

여의도 국회는 탄생부터가 지난한 과정이었다. 1948년에 국회는 권력 기구로서 대통령보다 먼저 탄생했으나(제헌의회 의원을 국민이 직접투표로 뽑았고, 의회가 대통령을 간접 선출했다), 국회가 어떤 역할을 해야 하는지에 대한 개념은 확고하지 않았다. 대중적으로 국회의 역할 이미지가 생긴 것은 국회 자체의 활동보다는 야당 국회의원들의 활동에 힘입은 바 크다.

국회는 조선총독부 건물, 현 서울시의회 건물 등 여기저기 더부살이를 하는가 하면, 건립이 결정된 이후에도 오랫동안 위치를 잡지 못하다가 1970년대가 되어서야 여의도 개발이 본격화하면서 겨우 자리를 잡는다. 박정희 정권 시대다. 국회를 도심으로부터 떨어뜨려 놓음으로써 권력자에게는 회심의 입지로 여겨졌다는 해석이 있다.

여의도 국회의사당은 건축적으로 흉물이다. 슬프게도 그렇다. 기능 구성이나 형태적으로 지나치게 불완전하다. 게다가 위치는 왜 하필 여의도 바로 그 자리인가? 공항을 오가며 강북, 강남 양쪽에서 아주 잘 보이는지라 "저게 무슨 건물이냐?"라고 외국인들이 묻는데 답을 피하고 싶은 심정이 되곤 한다. 물론 건축적인 흉물이라 해서 국민에게 사랑받지 못하리라는 법은 없다. 정통적인 문법을 따르지 않는 건축물들이 곧잘 대중에게 사랑을 받는 경우도 있으니 말이다. 그런데 여의도 국회는 이마저도 안 된다. 국회에 대한 혐오증이 중첩되어서 그럴지도 모르지만 말이다.

권위주의 정권에서 많은 관청 건물들이 그러했듯, 여의도 국회의사당의 설계자는 박정희 대통령과 국회의원들이었다고 해도 과언이 아니다. '열주列柱와 돔dome이 없으면 국회가 아니다. 열주와 돔이 없이는 권위가 생기지 않는다'는 강박관념에 사로잡혔던 인사들이다. 나름의 과정을 통해서 설계 원안이 마련되었지만 정치권은 마땅찮아 했고, 결국 정부는 교수들과 건축가들로 구성된 설계위원회를 만들었다. 알다시피 위원회란 권위주의적인 권력자의 뜻을 관철하는 데 최적의 도구가 된다.

'돔'은 통합을, '열주'는 민주를 상징한다고 박정희 정권은 대대적으로 홍보했다. 여하튼 세계의 의회 건물들 대다수가 열주와 돔이라는 건축 어휘를 택한 것은 사실이다. 하지만 "국회 층수를 높이고 돔을 더 크게 하라!"는 정치권의 주문이 끊이지 않았고, 그러다가 여의도 국회는 어색한 비례에 몸집만 큰 건물이 되어버렸다. 기둥과 돔이 따로 놀고, 하나의 건물로 설계된 게 아니라 기둥 박스 위에 돔을 달랑 얹어놓은 꼴이 된 것이다.

왜 그리 어색한지 하나하나 지적하자면 끝이 없을 정도다. 열주는 너무 띄엄띄엄 성글어서 열주 특유의 장엄함을 자아내지 못한다. 열주의 상부는 마치 두부모처럼 잘려져 있어서 짓다 만 느낌조차 든다. 전체적으로 디테일이 부족해서 엉성한 느낌이 드는데, 열주 뒤여섯 층의 창문들이 똑같이 반복되면서 성의가 없다는 생각이 들 정도다. 서양 건축 어휘들을 이해하고 그것을 나름대로 해석하여 구현하는 과제는 절대 만만치 않다. 그런 역량들이 충분히 쌓이지 않은 채 지어진 건물이 여의도 국회다. 미국 의회도 신생 미국의 힘을 과시하려는 욕심에 캐피틀Capitol 언덕 위에 높은 이단 돔을 지어서 높이로 승부하려는 의도가 확연한 건물이지만, 기단과 열주로 이어진 몸체와 돔을 조화롭게 이어붙이기 위해서 세심한 설계를 거쳤음은 인정할 수 있다. "기둥과 돔으로 지어!"라고 말한다고 해서 제대로 설계되는 것은 아니라는 말이다.

국회 건물을 대상으로 하는 씁쓸한 유머가 있다. "돔 뚜껑을 열면 마징가 제트가 튀어 나온다"는 말이다. 실제 그러기라도 했으면 좋겠다는 생각이 들지 않는가? 베를린에서 폐허로 있던 옛 의회 건물을 복원해 통일 독일의 새 연방의회로 삼으면서 돔을 새로 만들었다. 유리로 말이다. 하늘로 열린 이 유리 돔은 회의장에 자연 채광을 끌어들일 뿐 아니라, 돔 꼭대기로 올라간 시민들에게 회의장을 내려다보는 기회를 선물한다. 투명하고 언제나 국민에게 열려 있는 상징으로서의 의회 공간을 만듦으로써 통일 독일은 지향하는 정치 개념을 공간적으로 구현하는 데 성공한 예가 되고 있다.

여의도 국회에 대해서 칭찬할 만한 점은 대리석을 비롯해 당대의 국산 재료를 최대한 활용했다는 점과 로비와 본회의장 내부 공간에서 상당한 수준의 완성도를 보여준다는 점이다. 국회의원만이 들어갈 수 있는 이 회의장에 처음 들어갔을 때 예상했던 것보다 훨씬 더 근사해서 좀 놀랐다. 이렇게 진중하고 위엄 있는 공간에서 왜 국회의 추태가 벌어지는지 이상하다는 생각이 들 정도다. 그런데 회의장과 로비 외 나머지 공간은 황량할 정도로 무미건조하다. 각 상임위원회 회의장이나 사무 공간들은 삭막한 관료주의적 공간에 불과하다. 국회 역시 청와대와 마찬가지로 '의전'을 가장 중요하게 생각했는지, 카메라에 비치는 로비와 본회의장에 공을 들인 반면 국회의 상시적 업무에 대해서는 소홀히 생각했던 모양이다. 국회가 지어졌던 1970년대 상황으로 봤을 때 본회의장에서 행정부의 요구에 따라 예산과 법률안을 통과시키는 것만이 국회의 기능이라고 봤던 행정부의 시각이 드러난 것일 수도 있다.

안타깝게도 국회의원들은 국회 공간의 불편함에 대해서 별말이 없다. 4년 임기제의 한계 때문일 수도 있고, 국회에 대한 부정적 이미지가 워낙 심각하니 공간 이슈에 신경 쓸 겨를이 없을 수도 있고, 아예 관심 자체가 없을지도 모른다. 10만 평 너른 터에 자리 잡은지라 헌정기념관, 영빈관, 국회의원회관 등을 추가로 지었을 뿐 국회의사당은 설비와 시설 교체 외에 공간 자체의 변화는 거의 없었다.

우리 국회 공간도 다시 태어날 수 있을까? 국회의사당은 구조적으로 워낙 튼튼하게 지어져서 리모델링 자체가 힘들다고 할 정도인데, 이렇게 강건한 건물은 어떤 방식으로 재탄생할 수 있을까? 청와대처럼 구중궁궐 이미지는 아니라 하더라도 국회 역시 담장으로 둘러싸여 있다. 실제적인 출입 통제는 건물 입구에서 일어나는데 꼭 담장이 필요할까? 시민들이 쉽게 국회 공간을 쓰도록 담장을 걷어내자는 얘기가 종종 나오지만 진지하게 논의된 바는 없다. 국회의사당 바로 앞에서 피켓을 들 수 있는 사람은 국회의원뿐이다. 시민들의 피케팅은 담장 바깥에서만 가능하니, 워싱턴 미 의회 코앞에서 번질나게 일어나는 피케팅 같은 행사는 불가능하다. 그러나 꼭 그래야 할까? 국회 앞 너른 잔디밭은 대통령 취임 행사 때만 열려야 할까? 언젠가, 우리 국회는 시민들과 가까운 공간이 될 수 있을까?

권력자들이 남긴 대표 공간들

이승만의 이화장, 백범 김구의 경교장, 윤보선의 북촌 윤보선가옥, 박정희의 현충사, 김영삼의 조선총독부 해체, 노무현의 봉하마을 사저 등을 〈김어준의 뉴스공장〉에서 다뤘다. 열심히 궁리했음에도 불구하고 김대중 대통령과 특정 공간을 연결하기 어려워서 특이하다고 생각했다. 소프트 정책에 강한 인물이라 그랬을지도 모르겠다.

백범 김구는 경교장 2층 회의실에서 초기 정부 인선을 구상했고, 이승만 대통령은 경무대가 아니라 이화장 집무실에서 첫 국무회의를 주재했다. 김구는 바로 그 경교장에서 암살당했고, 이승만 대통령은 4.19혁명 후 하야한 뒤 이화장에 잠시 머무르다 하와이로 망명했다.

권력자들이 자신의 철학과 취향을 드러낼 만큼 직접 자신의 공간을 구상하고 만드는 경우가 우리 사회에 흔치는 않다. 그런 사례가 있다면 권력자 개인의 철학과 성향, 권위, 관계, 평등 의식, 감수성, 취향에 대한 힌트를 얻을 수 있을 텐데 말이다.

이런 측면에서는 윤보선 대통령과 노무현 대통령이 가장 가까운 사례다. 윤보선은 명문가 후손으로 서울에서 당대에 존재했던 여러 문화를 조합하여 절충적이면서도 세련되게 진화한 캐릭터를 드러낸 건축물, 윤보선가옥을 남겼다. 노무현 대통령의 봉하마을 사저는 그의 세계관, 마을관, 인간관을 여러모로 드러내며 하나의 모델을 보여준다.

권력자들이 남긴 대표 공간으로 공공 공간을 꼽는 날이 오기를 바란다. 딱히 '대통령 프로젝트' 또는 '시장 프로젝트'라 하지 않더라도 권력의 자리에 있을 때 후대를 위해 남기는 근사한 공간이란 또 하나의 문화유산이 될 수 있음에.

청사들이 만드는 '성채'

권력 공간의 대표 격으로 청와대와 국회를 거론하는 이유는 이들이 중차대한 권력 기구일 뿐 아니라 맡은 바 기능을 하는 공간으로서는 단 하나이기 때문이다. 다른 권력기관들은 숫자 자체가 많다. 중앙행정부 건물들과 최근에는 지방자치체 건물들이 많아졌고 사법부 건물들도 많다. 사령탑 역할을 하는 중앙청사뿐 아니라 지역 곳곳에 지청을 두고 일선에서 직접 대민 접촉을 도맡기도 한다. 이른바 '관청' 또는 '청사'로 불리는 공간들이다.

우리 사회 청사들의 공통된 성격이라면 두 가지다. 하나는 담장을 두른 영역 안에 커다란 성채처럼 자리 잡는 성향, 다른 하나는 스스로 눈에 안 보이는 척하고 싶은지 성격이 없고 표정이 없다는 성향이다. 전형적인 사례를 들자면, 검찰청과 경찰청이다. 대표적으로 서초동 서울중앙지검 건물은 무표정한 포커페이스를 하고 있다. 겉으로 봐서는 그 안에서 무슨 활동이 일어나는지 가늠이 잘 안 된다. 왜 그렇게 클까? 어찌 그렇게 길거리와 떨어져 있을까? 어떻게 그렇게 무표정할까? 어떻게 그리 아무 얘기를 하지 않을까? 공무원의 성격과 다르지 않다. 관료주의의 폐쇄성이라고 하면 정확할 테다. 그리고 이것이 카프카가 『성』에서 부딪친 장벽이었을 것이다.

말하지 않는다고 해서 메시지가 없다는 뜻은 아니다. 청사들은 부지불식간에 또한 꾸준하게 메시지를 전달한다. "우리는 '선택받은 우리'다. 우리에게는 '공권력'이 있다. 우리는 강건하다. 우리는 불사조다. 나는 없어져도 우리는 계속된다." 여기서 우리란 특정한 사람이라기보다는 '제도institution로서의 우리'다. '이미 제도화된 우리'가 일하는 공간이 특별히 성격을 드러낼 이유가 없다. 성격 없음이 외려 강한 성격이 되어버린다. 그 무표정이 포커페이스처럼 작동한다.

현대의 청사들이 충분히 위엄을 보이지 않는 것 또는 위엄을 보이려 들지 않는 것은 문제다. 알게 모르게 사회 심리에 영향을 준다. 물론 공사비 등의 현실적인 문제도 있겠으나, 권력의 긍정적 측면을 내보일 자신이 없으니 아예 무표정한 유니폼 아래 권력 자체를 숨기려는 동기도 작용할 것이다. 권력 스스로 자신의 정통성과 역할에 자신이 없을 때 드러나는 불안감의 발로일 것이다.

최근에 와서 지방자치단체 청사들이 나름의 특색을 드러내는 시도를 하고 있다. 그렇게 큰 청사를 꼭 새로 지어야 하는지 의문스러운 경우가 적지 않지만 적어도 무성격, 무표정을 뛰어넘으려는 시도를 하려는 변화는 뚜렷해 보인다. 담장을 없애며 길과 가깝게 만나도록 구성하고, 시민 이용 공간을 넓히고, 건물에 다양한 이야깃거리를 담으려는 노력은 주목할 만하다. 아직 갈 길이 멀지만 시민

들과의 심리적인 담벼락을 낮추려는 바람직한 노력이다. 지자체가 이렇게 나설 수 있는 데는 선출된 권력이라는 나름의 자신감, 시민 서비스에 대한 높은 호응도, 재선 등 권력 유지에 대한 열망이 (긍정적으로) 작동하기 때문일 것이다.

권력 공간을 변화시키는 힘: 논쟁, 숙의, 시민참여

우리 현대사에서 권력 공간의 생성이 그리 순탄치 않았음은 인정할 수밖에 없는 현실이다. 정치사 자체가 파란만장했거니와 권력의 정통성에 대해서도 자신이 없었고, 권력의 당위성에 대해서 항상 의심을 거둘 수 없었고, 사람들이 바라는 권력이 무엇인지도 모호했고, 솔직히 권력 공간을 어떻게 구성해야 하는지 성찰할 역량도 부족했던 시대였다. 이 모든 원인들이 겹쳐져서 거론 자체를 회피했던 현상도 있었음을 부인하기 어렵다.

그렇다면 우리는 앞으로의 권력 공간들이 어떠한 모습이기를 기대하는가? 어떻게 진화하기를 바라는가? 이런 질문을 본격적으로 할 수 있게 된 것만으로도 감사할 정도다. '시민 권력'이라는 개념이 자연스러워질 정도로 우리 사회가 정치적으로 성장했음이 고맙다.

유념해야 할 점은, 권력 공간이란 다른 어떤 공간보다도 유독 끈질긴 관성을 가진다는 사실이다. 변화하기 그만큼 어렵다. '사람이 공간을 만들지만 공간은 다시 사람을 만든다'는 관점으로 본다면, 권력 공간은 이미지의 잔상이 크게 작용한다. 권력 자체가 근본적으로 보수적이듯 권력 공간 역시 보수적인 것이다. 왜 그렇게 변화하기가 어려울까?

첫째, 권력의 운영 구조 자체가 관료주의에 둘러싸이기 쉽다는 점이다. 법률과 제도의 틀 안에서 조직의 존속과 안정을 추구하는 관료주의의 속성상 상명하복, 칸막이주의, 제도 만능주의, 정보의 폐쇄성이라는 덫에 갇히기 쉽다.

둘째, 변화를 촉진하는 자극은 오로지 선출 권력으로부터 나올 수 있다. 그런데 대의민주주의에서 선출직의 임기는 공간 변화에 필요한 시간에 비해서 짧다. 건축물을 짓는 데는 5년 이상, 큰 프로젝트라면 10년 이상이 걸리니 임기 안에 계획을 세우고 공간을 만들기까지 하기 어려운 게 정상이다(임기 내에 준공하겠다고 무리하다가 생긴 부작용을 우리는 이명박 정부에서 목격했다). 그만큼 동기 부여가 잘 안 될 수 있다.

셋째, 좋은 권력 공간의 모델을 찾기도 쉽지 않다. 다른 문화의 권력 공간을 우리 문화에 그대로 적용할 수는 없다. 선진 사례라는 것이 우리 사회에 바로 적용될 수 있는 것도 아니고 모범 답안이 있는 것도 아니다. 더욱이나 급변하는 사회 수요와 기술 환경을 보면 일정한 추세가 있다고 보기도 어렵다.

그래서 상당한 논쟁이 필요하다. 충분히 숙의할 시간이 필요하다. 그 자극은 궁극적으로 시민 권력으로부터 나온다. 권력이 마치 그들만의 게임으로 여겨지던 시대를 넘어서기 위해 꼭 필요한 3대 조건이 바로 논쟁, 숙의 그리고 시민참여다.

'권력 공간은 권력 그들만의 문제 아닌가?'라고 여길지도 모른다. 하지만 권력 공간은 권력 공간 이상의 영향력을 가진다. 권력 내 조직 문화(수직적 vs. 수평적), 일하는 문화(제도적 vs. 현장적, 관습적 vs. 창의적 등), 운영 문화(상명 하달 vs. 자율성), 교류 문화(폐쇄적 vs. 개방적)에 영향을 미침으로써 사회 전체 분위기에도 영향을 미친다. 일종의 '기조 문화'가 되는 것이다. 그런 문화는 비단 관료들이 일하는 청사에서만 나타나는 데 그치지 않고 관료들이 관리하는 공간들에도 알게 모르게 그 성격이 녹아든다. 실제로 그런 공간들은 엄청나게 많다. 예컨대 학교, 경찰서, 파출소(지구대), 교도소, 의료기관, 공공기관 등이 대표적이다. 이런 공간들은 알게 모르게 사회의 기조 분위기를 만드는 데 절대적으로 영향을 미친다.

어떤 논쟁, 어떤 숙의, 어떤 참여가 필요할까? 권력 공간에 대한 기대는 양면적이다. 친근해지기를 바라지만 꼭 그렇지만도 않은 것이, 충분한 경외심을 뿜어내기를 바라기도 한다. 마치 권력이 '불가근불가원不可近不可遠'이듯 권력 공간은 적절한 거리감과 적절한 친근감을 적절히 구사하기를 바라는 것이다. 보기만 하되 가까이 오지 말라는 신호를 보내는 권력은 마음으로부터 멀어지고 사랑은커녕 이내 신뢰까지도 잃을지 모른다. 마치 사람 사이에서 '존경이냐 사랑이냐'를 논하는 것과 비슷하다. '존경하면서도 사랑한다, 존경할 수 없으면 사랑이 시든다, 사랑만으로 같이할 수는 없다'와도 같은 심리다.

권력 공간에 대해서 물을 수 있는 것은 세 가지다. 첫째, 인정할 만한 존재감이 있는가?(자존감과 상징성: 위치와 형태와 공간감 등) 둘째, 나와 만나는 접점이 충분하고 또 편안한가?(소통의 개방성: 형태, 길과의 연결, 열린 공간 등) 셋째, 일을 잘하도록 격려하는 공간인가?(생산성과 자율성: 공간 구성, 소통과 의사 결정 등)

아주 쉽게 적용할 수 있는 방식도 있다. 예컨대, 담을 쌓지 않는 것만으로도 권력 공간들의 '성채' 이미지는 아주 간단히 벗겨진다. 길에 다니는 사람들이 쉽게 들어오고 쉽게 쓸 수 있는 공간을 배치하기만 해도 시민들과 충분히 소통할 수 있다. 문제는, 이렇게 간단한 방식들이 가장 실천하기 어렵다는 데 있지만 말이다.

'인정할 만한 존재감'을 부여한다는 것은 가장 어려운 과제다. 이럴 때 좋은 모델이 필요하다. 주눅들게 하지 않으면서 충분하게 자긍심을 불러일으키는 그런 모델은 어떤 것일까? 앞에서 언급한 공간들로부터 배울 바는 어떤 것일까? 전통적인 권력 공간에서처럼 왕은 물론 대신들도 쉽게 걸어 다니고 만나면서 일하는 공간이 될 수는 없을까? 일하는 곳과 사는 곳이 잘 엮일 수도 있을까? 의전이 중요한 공간과 실무적 소통이 중요한 공간이 잘 엮이는 방법은 무엇일까? 안과 밖이 수시로 연결될 수도 있을까?

로마 공화정이나 아테네 민주정 공간이 모델로 떠오를지도 모른다. 권력 구조가 시사하는 것만큼이나 권력 공간들이 시사하는 바도 크다. 로마의 포로 로마노Foro Romano 안에서는 맨발에 샌들을 신고

가운을 걸치고 포럼을 배회하며 청사에서 공회당까지 걸어 다녔다. 사이사이 길과 광장에서는 정치적 발언에서부터 상업 활동까지 시민 활동이 다채롭게 일어났다. 카이사르가 암살당한 뒤, 안토니우스와 브루투스가 그 유명한 연설을 한 곳도, 시민들이 두 사람의 연설을 듣고 사안에 대해 판단한 곳도 바로 포럼이었다. 그런 분위기가 로마의 '공화정'에 대한 자긍심 아니었을까?

민주정 아테네의 꽃은 정작 아크로폴리스가 아니라 아고라다. 어느 한 건축물이 아니라 꽤 큰 동네에 길도 여러 갈래로 나 있고 신전, 공회당, 시장, 광장, 연설대, 공연장이 섞인 공간이다. 그런 공간에서 권력자 페리클레스의 연설이 있었나 하면 철학자들의 토론이 벌어졌고 소크라테스 재판까지 열렸다. 정치인뿐 아니라 시민, 학자, 철학자, 상인이 교차하는 공간에서 직접 민주주의가 펼쳐졌다. 고대 아테네에는 궁궐이라는 개념조차 없었다. 선출직인 시민의 대변자들은 여느 시민들이 사는 집과 엇비슷한 집에서 살고, 지식인들과 교류하는 향연(심포지엄)을 사랑방 같은 공간에서 열었다. 수많은 경호원들에게 둘러싸여 시커먼 승용차에 오르내리는 오늘날 정치인들 모습과는 너무 다르지 않은가?

수천 년, 수백 년의 시간 차이가 있지 않느냐고? 물론이다. 그 시간 차이만큼이나 인간과 인간 사이의 관계와 행위의 의미에 대해 중요한 의문을 던진다. '직접 행동'을 할 수 있는 '직접 민주주의'의 가능성이 높아진 이 시대에 우리는 다양한 방식으로 직접 만남과 소통의 가능성을 모색해봐야 하니 말이다.

우리 사회는 권력 공간에 대한 활발하고 진지한 논쟁과 숙의와 시민참여를 이끌어낼 절호의 기회를 놓쳐버리기도 했다. 가령 과천에 행정타운을 조성했던 1970년대는 권위주의 정부가 일방적으로 몰아붙이던 때였으니 가능성이 없었지만(실제 그때 만든 과천 행정타운은 여러모로 낙제점인 공간이었다), 21세기에 행정도시로 계획된 세종시에 대해서는 아쉬운 점이 많다. 정치적 논쟁에 치이는 바람에 정작 도시를 만드는 과정에서 깊은 논쟁이나 숙의가 별로 없었던 것이다. 세종시 행정타운은 외양적으로 특이한 형태를 자랑하고 있지만, 과연 그것이 숙의에 따른 산물이었는지 아니면 행정 편의를 위한 국제 설계 경기의 결과였는지 의문이 든다. 공무원들과 시민들은 얼마나 참여했는지 아쉬움이 드는 대목이기도 하다.

권력 공간의
진화를 기대한다

찾으려고만 들면 기회는 자주 찾아온다. 여기저기 흩어져 있으면서 각기 자존감을 충분히 드러내지 못하는 권력 공간들이 새롭게 태어나주기를 바란다. 충분한 자신감과 신뢰감으로 필요할 때 가까이 있어 주기를 바라고, 설령 가까이하지 못하더라도 존재만으로도 신뢰감을 내뿜어주기를 바란다.

도시 공간 중에서도 권력 공간은 특히 우리가 어디에 서 있으며 어디로 가고 있는지, 무엇을 지향하는지, 우리가 얼마나 흔들리고 있는지 또는 중심을 잡아가고 있는지 우리 사회의 수준과 모순과 지향점을 고스란히 보여준다. 권력 공간의 모습은 우리 자신의 모습을 빼어 닮는 것이다. 우리는 끊임없이 물어야 한다. 권력인가, 권위인가? 두려움인가, 신뢰인가? 존경인가, 사랑인가? 하향식인가, 상향식인가? 소통인가, 지시인가? 권력의 축은 어떻게 움직이며, 눈에 보이는 권력과 눈에 보이지 않는 권력의 관계는 무엇인가? 어떤 공간이 건강한 권력 개념을 만드는가? 인간들이 모여 사는 한 불가피하게 등장하는 권력의 존재, 그 건강함을 기대한다.

콘셉트 3

기억과 기록:
우리는 누구인가?

보존·보전·복원·재생

■ ◇ ○ ✧

"폴리스의 형식에서 함께하는 인간의 삶은 (중략) 가장 덧없는 인위적 '생산물'인 행위와 이야기들을 사라지지 않도록 보증해준다. (중략) 폴리스의 조직체는 일종의 조직화된 기억체이다."

– 한나 아렌트, 『인간의 조건』

〈김어준의 뉴스공장〉의 '도시 이야기' 코너(이하 '도시 이야기' 코너)에서 청취자들의 관심이 높았던 주제 중 하나가 '조선 시대의 사고史庫'였다는 점은 꽤 흥미롭다. 한양의 춘추관, 충주, 전주, 성주 네 곳의 사고에 『조선왕조실록』을 보관했고 임진왜란 때 오직 전주 본本만 살아남은 역사는 유명하다. 이후에 사고 기능을 보완하면서 강화도 마니산, 봉화 태백산, 평안도 영변 묘향산, 평창 오대산에 조선 500년의 기록을 보관해왔으나 일제강점기와 한국전쟁의 혼란기 속에서 훼손되고 파괴되면서 갖은 산전수전을 겪었다. 배치의 정치지리학상 조선 초기에 사고를 남쪽으로만 배치했던 것을 보면 일본으로부터의 침략은 고려 밖이었던 듯하다는 점이 흥미롭지 않은가? 한국전쟁 초기에 북한이 서울을 점령한 짧은 기간 사이에도 서울대에 보관되어 있던 사본 일부를 가져가서 김일성대학에 보관하고 있다는 풍문이 있는데 만약 사실이라면 '역사의 정통성'에 대한 북한의 각별한 관심이 엿보인다는 점도 흥미롭다.

특히 남성 청취자들이 재미있어하면서 여러 메시지를 보내던데, 역사에 대한 관심일까, 기록에 대한 애착일까, 계승에 대한 남다른 관심일까? 남성들이 상대적으로 역사에 관심이 더 많다고 한다면, 여성들은 아마도 역사의 장면에서 줄곧 외면당하거나 엑스트라로 여겨졌기 때문일 것이다. 자신의 성姓을 잇는다는 아주 간단한 장치만으로도 남성들은 기억과 계승에 대해 남다른 촉각을 발동시키는지도 모른다. 역사의 주역이라는 생각까지 한다면 기록에 대한 관심은 더욱 커질 것이다.

'사실이 역사로 남는 게 아니라 기록되는 것이 역사로 남는다.' 이제는 누구나 인정하는 명제다. 기록된 역사를 꼭 사실로만 보지 말라는 경고이자, 기록된 승자의 역사 속에 숨어 있는 이면을 들여다보라는 교훈이고, 기록이 그만큼 중요하므로 충실하게 기록하라는 뜻이기도 하다. 기록이란 '권력'의 문제이자 '정체성'의 문제이고 또한 '자존감'의 문제이자 '명예'의 문제다. 아무리 세속적인 허영심이라 할지라도 명예에 대한 인간의 집착은 극복하기 쉽지 않은 것이다. "도시는 명예를 빛나게 한다"는 철학자 한나 아렌트의 말처럼, 익명의 사람들이 모여 사는 도시이기에 인간의 명예는 더욱 귀하게 여겨진다. 나는 비록 명예롭지 못하더라도 내가 속한 집단이 명예로움을 믿고 싶고, 내가 속한 인간이라는 종이 명예로울 수 있음을 믿고 싶은 것이다.

필멸하는 인간이기에 기록에 집착하기도 한다. 내가 여기에 있었다는 기록을 남기고 싶은 것이다. 덧없는 소망이라 할지라도 흔적을 남기는 그 순간에 한 인간이 느꼈을 불멸성, 영원성에 대한 희구만큼은 무시할 수 없다. 자신을 태양신과 동일시하며 불멸을 꿈꿨던 파라오가 세운 피라미드가 품은 소망의 크기만큼이나, 한 고대인이 작은 돌로 세운 고인돌이 품은 소망의 크기 역시 막대한 것이다.

이 시대에 기록이 갖는 의미

기록에 대해서 우리는 양가적인 감정에 빠지곤 한다. '남겨야 한다'라는 명분과 '지우고 싶다'라는 속마음 사이에서 고민하는 것이다. 과거에 대해서 완벽하게 떳떳한가? 지난 과거가 자랑스럽기만 하다고 할 수 있는가? 개인으로나 사회로서도 마찬가지다. 부끄럽고 수치스럽고 죄스러운 기억은 물론, 아프고 상처가 깊고 아직도 피가 철철 흐를 듯하고 모욕감이 들고 절망스럽고 슬프기만 한 기억이 어디에나 있기 마련이다. 그래서 기억을 삭제하거나 윤색하거나 미화하면서 괴로운 느낌에서 벗어나려 든다. 상처를 드러낼 만한 흔적을 다시 보고 싶지 않고, 죄책감을 환기하기는 더 싫다. 그런가 하면 과거 영광의 증거가 될 만한 것은 더 조명하고 싶고 더 크게 과장하고 싶어진다. 이 모든 것에 가치관과 판단이 개입된다.

다행인 것은, 기록에 대한 우리 사회의 관심이 부쩍 높아졌다는 사실이다. 『조선왕조실록』을 남긴 기록 강국이고 보면 당연하지만, 그리 당연한 것만은 아니었다. 그만큼 감추고 싶어 하고 지우려 했던 역사가 많았기 때문에 기록 자체가 말살된 적도 한두 번이 아니었다. 이제는 '대통령 기록물, 공공 기록물 관리에 관한 법률'까지 제정되었을 정도다. 기록이란 후대에 남기는 목적 이상으로, 평소 행위의 공정성과 합리성을 의식하게 만드는 '역사의 거울' 기능에 더 근본적인 역할이 있다고 본 것으로 기록에 대한 우리의 태도가 진일보했음은 분명하다.

그렇다면 '공간의 기록'은 어떤 의미일까? 디지털 기록이 자유자재로 가능한 시대에 아날로그적인 기록, 특히 물리적 실체의 기록이란 어떤 의미를 가질까? '기념관, 박물관, 기록관, 미술관' 등의 전시와 저장 공간은 당연하게 받아들이더라도, '문화 유적, 생가, 역사적 사건의 배경, 기념 조형물' 등의 공간은 어떻게 받아들여야 할까? 한 걸음 나아가자면, 지금도 쓰이고 있는 집과 사찰, 서원 등의 건축물과 동네, 도시 등을 보존하고 보전하고 복원하는 일련의 작업들이 의미하는 바는 무엇일까?

실제 공간의 기록에는 세 가지 방식이 있다. 보존保存, 보전保全, 복원復元. 왜 있는 그대로 '보존'하는가? 원전이 담고 있는 힘과 시간을 견뎌낸 힘을 계속 느끼고 싶기 때문이다(석물, 조형물, 건축물 등). 왜 '보전'하는가? 앞으로도 계속 남아서 시간이 지나더라도 진화하고 익어가면서 원래 분위기 그대로 우리 옆에 남아 있기를 바라는 마음 때문이다(동네 보전, 도시 공간 보전, 생가나 역사적 공간의 문화 공간화 등). 왜 사라진 실체를 예전 모습 그대로 '복원'하는가? 잃어버린 것이 너무 아깝고, 사라져버린 것을 이 시간에 다시 체험하고 싶기 때문이다(궁궐, 사찰, 서원, 성곽, 무덤 등).

공간에 남은 흔적은 세 가지 면에서 효과가 뚜렷하다. 기억을 생생하게 만드는 힘, 현장의 아우라에서 나오는 감동 그리고 나보다 더 오래 가리라는 믿음이다. 그 공간 안에 들어가면 상상력이 작동하면서 기존의 기억이 살아 움직이는 듯한 느낌이 찾아오고, 새로운 생각이 찾아들며 기억으로 새겨진다. 그 현장 안으로 들어가면 누구나 마치 탐정 셜록 홈스처럼 추리력을 발동하게 된다. 추리를 발동한다는 것은 호기심이 동한다는 뜻이고, 호기심이 발동하면 그다음 행위로 향할 가능성이 높아진다. 지금 이 시대의 공간과 다른 그 어떤 공간을 만나면, 그윽해진다. 아름다워서만이 아니라, 오래되어서, 언제나 거기 있을 것 같아서 시간을 초월한 믿음을 갖게 된다. 나는 얼마 후 없어지더라도 이곳은 남아 있으리라는, 어떤 안도감마저 느껴진다.

왜 전근대의 공간 복원에 치중하는가?

공간 기록에 대해 관심이 높아진 데에는 그만큼 커진 경제적인 여유, 높아진 역사의식과 사회의식, 높아진 세계 위상(유네스코 세계문화유산 지정은 대표적이다), 대중화한 세계 여행이라는 배경이 작용하지만, 즉물적인 이유도 있다. '지방자치'와 '관광 트렌드'다. 세속적으로 말하자면 '역사가 돈벌이가 되는 시대'인 것이다. 지자체마다 문화 계획을 세우고, 복원 사업을 진행하고, 전에는 눈도 돌리지 않던 아주 작은 유적도 찾아내서 키우고, 안내판을 달아놓고 적극적으로 홍보한다. 관광객은 찾아볼 데가 많아지니 마다할 이유가 없다.

그런데 전통 복원이 필요하다고 적극적으로 주장하는 사람들도 최근 벌어지는 복원 사업에 눈살을 찌푸릴 때가 있을 것이다. '역사가 돈이 되기 때문에 복원을 한다'는 속셈이 적나라하게 드러나기 때문에 생기는 부작용이다. 복원 방식이 조악하거나 고증을 거치지 않고 전국 곳곳에서 거의 똑같은 방식으로 복원된다. 가령 역사 인물의 생가에 가서 똑같은 세 칸 초가집에 비슷하게 그려진 초상화와 비슷한 가구가 배치되어 있는 모습을 보면 허망하다는 생각이 들 정도다. 전국 곳곳에서 벌어지는 읍성 복원 사업 계획을 보면 이러다가 워낙 있던 190개의 읍성을 전부 복원하려 드는 게 아닐까 싶을 정도다. 일제강점기에 대부분 해체되고 남아 있는 읍성이 몇 개 안

되어서(낙안읍성, 해미읍성, 동래읍성, 진주성, 고창읍성 등 원형이 남아 있는 것은 10여 개 남짓하다) 아쉬운 마음에 복원하려는 마음은 이해하지만, 기계로 정확하게 깎아 쌓아 올린 성벽을 보고 있자면 전혀 시간이 느껴지지 않는다는 아쉬움이 크다.

게다가 복원은 왜 하필 전근대 유산에 치중될까? 아마도 '옛날이 좋았다'는 관념과 '전통의 정의에 대한 고정관념' 때문일 것이다. 그렇다면 '왜 기와집과 초가집과 돌담과 성곽과 무덤만 전통이냐?'는 의문이 당연히 생길 법하다.

그래도 보전하려는 노력은 일취월장하고 있다. 전통 보존과 복원이 대체로 점點적인 특정 공간을 대상으로 하는 반면, 보전은 면面처럼 좀 더 넓은 공간을 대상으로 하는 경우가 많다. '한옥 보전 지구'나 '역사 보전 지구'처럼 말이다. 조금 다른 것이 섞이더라도 전체적으로 그 분위기가 지켜지면 된다는 뜻이다. 이들 보전 지구가 대개 일제강점기에 생성된 곳들이라는 점은 눈여겨볼 만한 사실이다. 예컨대 서울 북촌은 조선 시대부터 양반 동네로 유명했지만, 지금 북촌은 일제강점기에 몰락한 양반들이 집을 팔고 나온 땅을 여러 개로 쪼개어 작은 한옥들을 만들면서 생긴 동네다. 전주 한옥마을은 일제강점기에 성 밖으로 도시가 확산할 때, 당시에 떠오르던 중산층을 위해서 새로 만든 동네다. 토착 자본을 이용했고, 한옥 집장사가 본격 등장한 시대이기도 하다.

한옥 보전 지구들은 찬밥 신세를 면치 못하다가 최근에 들어와서 자리를 잡았다. 주민들이 보전에 전혀 관심이 없고 공공 지원도 제대로 이루어지지 않았던 시절을 거쳤지만, 역사 문화에 대한 관심이 뜨거워진 21세기에 와서 완전히 붐을 일으켰다. 오래된 한옥을 고쳐 식당이나 카페, 숙박 시설 등으로 이용하는 데 그치지 않고, 한옥을 새로 짓기에 이르렀다. 북촌, 서촌, 인사동 외에도 보문동이나 제기동 등 서울의 아름다웠던 한옥 동네들을 진즉 보전 지구로 지정했으면 얼마나 좋았을까 하는 생각이 들 정도다. 몇 되지 않는 한옥 보전 지구들은 요즘 관광객들이 너무 많이 찾는 오버투어리즘에 시달릴 지경이니, 더 많은 한옥 동네들이 살아남았더라면 훨씬 더 다양한 동네들이 보전되면서 관광 자산이 되었을 것이다.

근대 문화유산 보전의 딜레마

근대 역사 보전에 대한 관심은 최근에 일어난 현상이다. 역사 보전이라면 조선 시대 이전으로만 한정했던 시절에 비하면 상당한 변화다. 우리 사회에서 근대기라 하면 바로 일제강점기를 연상시키기 때문에 상대적으로 꺼리는 주제였다. 그나마 완성도가 높은 건물들은 건축적 가치 때문에 보존되었고(예컨대 서울역, 한국은행, 각국 대사관 등), 실용적인 이유로 계속 사용되는 건물들도 있었지만, 김영삼 정부에서 시행한 조선총독부 건물 해체가 상징하듯 대부분 '일제 잔재 청산'의 대상으로 여겨졌다.

조선총독부 건물은 제국주의 국가의 권위주의적 취향을 사로잡았던 신고전주의와 신르네상스 스타일로 지어졌다. 긴 수평성과 가운데 우뚝 솟은 돔이 이루는 대칭적인 구도, 육중한 무게와 위압적인 분위기가 압도했다. 광화문과 경복궁의 지붕 라인과 북악산의 스카이라인이 만드는 절묘한 균형감과는 달리, 조선총독부는 북악산을 일자로 가로막으며 마구 앞으로 진격해오는 듯한 느낌이었다. 김영삼 대통령이 1995년에 조선총독부 건물을 한순간에 해체했을 때, "시원하다"는 반응과 "아깝다"는 반응이 엇갈렸다. 일본 정부가 모든 비용을 댄다며 일본으로의 이전까지 요구했던 상황이었고 서울을 찾은 일본 관광객들이 깃발을 들고 조선총독부 건물을 꼭 찾아보는 분위기에서, 김영삼 대통령 특유의 성정으로 용단을 내렸을 것이다. 근대 유산 보전이라는 관점에서 조선총독부를 해체해서 천안 독립기념관 부지에 이전해놓자는 제안이 있었지만 실현되지 못했고, 지금은 잔해 일부가 독립기념관 부지 한쪽에 전시되어 있다.

철거를 반대하는 쪽에서는 '인도 델리에서는 영국 총독관저가 지금도 대통령궁으로 쓰이고, 타이완총독부는 타이완총통부로 쓰이고 있는데, 조선총독부를 꼭 철거해야만 하는가?' 같은 논리를 댔다. 식민지 시대에 대한 다른 정서 그리고 건물 분위기 자체도 영향을 끼쳤을 것이다. 예컨대 델리의 총독관저는 당대 수많은 서구식 건물 중 하나로 여겨졌고, 타이완총독부 건물은 벽돌 색조와 날씬한 탑으로 인해 권위주의적 색채가 덜하다. 조선총독부 철거를 잘했다는 것이 내 입장이지만, 철거 후 독립기념관으로 이전하는 것도 괜찮은 방법이 아니었을까 하는 생각도 든다. 이토록 '잔재 청산'과 '역사의 기록' 입장 사이에서 갈등이 생기지 않을 수 없는 것이다.

조선총독부 건물의 기초는 땅속에 그대로 남아 있다. 기초까지 철거하는 데 드는 엄청난 비용 때문에 잔디밭으로 덮어버린 것이다. 혹시 이 중 일부를 공개하여 이 자리에서 조선총독부가 저지른 악행을 기억하게 만들면 어떨까? 흔적을 직접 눈으로 확인하면 시민들의 기억은 또 다른 차원으로 이어질 테니 말이다.

일제 잔재 청산을 강렬하게 외쳤던 시기가 지난 후 일본과 화해 무드가 형성되던 시절에는 또 다른 분위기가 찾아왔다. 복고풍의 유행과 세계화의 영향이 섞여서 일본 문화에 대한 거부감이 꽤 가라앉았고, 남아 있는 공간의 흔적을 남기려는 노력들이 꽤 두드러진 것이다. 최근 들어 군산, 목포, 부산, 인천, 순천, 통영 등의 항구도시들에서 이른바 '적산敵産 가옥'의 보존과 복원에 대해서 여러 노력들이 있어 왔고 나름 지역의 관광 자산이 되기도 했다.

이제는 또 어떻게 변화할까? 목포 사례처럼 근대 문화유산의 동네 재생에 관심이 높아지는 것도 사실이지만, 일본과의 관계란 언제나 살얼음을 밟는 듯하다. 우익화한 일본이 2019년 한국 대법원이 내린 강제징용 배상 판결에 대한 보복성 경제 제재를 가해오면서, 우리나라 국민들은 개개인 스스로 "사지 않습니다. 가지 않습니다." 캠페인을 앞세우며 강렬한 불매운동을 펼쳤다. 정치적, 외교적인 변수와 관계없이 문화 교류는 면면히 이어졌으면 하고 바라

지만, 문화 교류에는 국민 정서 속에 있는 거부감과 친밀감이 엇갈리며 작동되기 마련이다. 앞으로 어떻게 전개될지 예의 주시할 현상이다.

목포: 역사 보전이 '도시 재생'의 목적은 아니지만

2019년 초 손혜원 국회의원이 목포 원도심에 있는 건물 여러 채를 사들인 사실이 알려져 크게 논란이 일었다. 여러 측면에서 후폭풍이 불었으나, 이 사건이 근대문화유산에 대한 인식을 높이는 계기가 되었음은 분명한 듯하다. 문화재적인 가치가 높지 않은 건물들, 일제강점기에 세워져서 100년 가까이 풍상을 겪으면서 지역사회의 삶을 담아온 동네의 미래 가치를 생각하게 된 것이다. 도시 재생의 이름으로 찾는 동네의 미래 가치라고 할까?

약 20년 전 『우리 도시 예찬』을 쓸 때 나는 목포 원도심이 자아내는 독특한 분위기를 보며 새로운 탄생의 가능성을 기원했지만, 실제 이 동네는 그 후 더 쇠락했다. 주민들은 떠나고, 가게는 문을 닫고, 밤에는 유령도시처럼 변했다. 쇠락한 동네가 맞이하는 최종 운명은 아파트 재개발이기 일쑤인데, 이 동네도 그런 위협에 처했다. 그나마 쇠락한 가운데에서도 명맥을 유지할 수 있었던 이유는 아이러니하게도 근대 역사 자산을 품고 있었기 때문이다.

목포 원도심은 분명 커다란 잠재력을 안고 있다. 역사 보전이 도시 재생의 주된 목적은 물론 아니다. 주민들이 '삶터'와 '일터'를 잃지 않으면서 동네가 스스로 지속 가능하게끔 하는 것이 동네 재생의 목적이다. 다만 역사적 자산을 안고 있는 동네의 경우에는 관광 수요를 일으킬 수 있는 가능성 덕분에 훨씬 더 큰 잠재력을 가진다. 다시금 목포 원도심의 재탄생을 기원한다.

지우고 싶은 기억: 다크 투어리즘

최근엔 다크 투어리즘Dark Tourism에 대한 관심 역시 커지고 있다. 엄청난 의식의 변화다. 잊고 싶고 지우고 싶던 기억을 되살린다니, 얼마나 큰 용기인가? 누군가에겐 트라우마로 남았을 기억의 단서를 찾아서 피해자의 아픔을 기억하고 가해자의 죄악을 기억하는 것, 기억은 화해의 시작이다. 무엇보다도 야만의 실체를 직시하고 다시는 그런 야만이 일어나지 않을 조건에 대해서 성찰하는 것, 성찰은 진보의 시작이다.

다크 투어리즘의 대상은 감옥, 강제수용소, 학살 현장, 전쟁터, 항거의 장소 등 다양하다. 서대문형무소 등 일제강점기의 장소들 역시 다크 투어리즘의 성격을 띤다. 역사적 사건의 배경으로 보면 3.1운동이나 제주 4.3사건 외에도 여수순천사건, 한국전쟁, 부산 피난수도, 5.18민주화운동, 부마항쟁, 서울의 봄, 6월민주항쟁 등 수없이 많다. 지자체 차원에서 하나하나 발굴하고 흔적을 보존하고 이야기로 엮고, 시민들이 찾는다.

다크 투어리즘의 의미가 주목된 것은 단연 2001년 개장한 베를린의 유대인박물관과 2005년 개장한 홀로코스트 메모리얼(광장) 때문일 것이다. 독특한 체험을 통해 깊은 흔들림을 느끼게 만드는 공간들이다. 유대인 대학살을 저지른 나치의 광기에 진저리치게 만들고, 유대인 수용소에서 느껴지는 사실적 공포와는 또 다른 영혼의 공포를 느끼게 만든다. 선악의 사이에서 위태롭게 서 있는 인간의 유약함을 생각하게 만들고, 스스로 광기의 역사를 인정하고 참회하는 독일의 인류애를 느끼게 만든다. 그래서 이 두 공간에서 깊은 어둠의 체험을 마치고 환한 밖으로 나와 하늘거리는 나뭇잎을 볼 때 희망의 빛을 느낄 수 있다.

"역사를 잊은 민족에게 미래는 없다." 우리가 자주 되뇌는 단재 신채호 선생의 말씀이다. 역사를 기억할 뿐 아니라 그에 대해 성찰하는 과정을 통해 새로운 미래를 떠올리는 능력이 커진다. ○○투어리즘이라는 말이 붙어서 찜찜하게 여길 수도 있지만 다크 투어리즘은 많은 사람들에게서 정신적 변화를 끌어내는 데 효과가 높다.

영화 〈1987〉에 나온 남영동 대공분실(현재 민주인권기념관)

'도시 이야기' 코너에서 남영동 대공분실을 이야기할 때 내 목소리에 담겨 있던 착잡함과 안타까움을 많은 청취자들이 느꼈던 모양이다. '진실을 직시해주어 고맙고, 그 딜레마를 이해한다'는 메시지를 많이 받았다.

영화 〈1987〉에 극사실적으로 표현되어 사람들을 새삼 놀라게 했던 남영동 대공분실. 대학생 박종철이 어디로 가는지도 모르면서 끌려 올려갔던 나선계단, 타일 욕조가 드러나 있는 방, 바깥은 보이지만 열리지 않는 좁고 긴 창, 조명 스위치가 없는 방, 마치 모텔처럼 빽빽이 늘어선 방들, 그 방들에서 새어 나오는 비명. 낮과 밤이 구분되지 않고 왜 끌려왔는지도 모르는 채 욕조에서 고문당하던 박종철 열사는 그렇게 죽었다. "'탁' 하고 치니 '억' 하고 죽었다"는 당국자의 말에 분노하며 죽음의 진실을 알리고자 수많은 학생들이 거리로 나왔고 그 가운데 이한열 열사도 거리에서 최루탄에 맞아 산화했다. 1987년 시민 혁명으로 대통령 직선제 선언을 끌어냈던 과정 중에 생긴 아픔이다.

남영동 대공분실 건물을 설계한 이는 우리 현대건축의 거장 김수근과 그의 건축 회사 '공간'이다. 1970년대 군부독재 정권이 발주한 건물로 지어지고 얼마 지나지 않아 증축을 하는데, 이 과제 역시 공간이 맡았다. '인문주의자, 휴머니스트, 문화 거인, 건축 거장'으로 알려졌던 김수근에 대한 회의가 드는 대목이다. '설마 건물의 용도를 알고도 설계했을까? 고문실이 있던 그 층은 경찰이 자체 리모델링했던 것이 아닐까? 혹시 회사 실무진이 발주자 주문대로 고분고분했던 것일까?' 설마설마 하는 마음에서 이런 추측들을 해봤지만 2012년에 공간이 만든 설계도가 나오면서 사정이 드러났다. 어떤 이유에서든 건축가 김수근은 책임을 피하기 어려워진 것이다. 자신의 이름을 내걸고 설계하는 건축물에 대해서 무한 책임을 지는 것이 건축가의 숙명이니 말이다.

더욱이 대공분실 건물에서 공포의 장치로 지적되는 요소들이 김수근의 원서동 '공간 사옥'에서 사용되었던 건축 요소와 판박이였음을 확인하면, 갈등이 몰려온다. 친밀감을 강조하는 나선형 계단, 미로와도 같은 공간 전개, 전통성을 표현하는 전벽돌과 좁고 긴 창문들 등 같은 요소들이 완전 다르게 사용될 수 있는 것이다. 공간 사옥(현 아라리오뮤지엄 인 스페이스)은 우리 현대건축에서 최고봉으로 꼽히는 건물이다.

건축가 김수근은 1986년 작고했다. 그의 입으로 직접 증언을 들을 수 있었더라면 싶다. 살아 있었더라면 적어도 그는 책임을 회피하지 않고 증언을 했으리라는 믿음만큼은 버리고 싶지 않다. 자칫 권력의 하수인이나 자본의 시녀가 될지도 모를 위험을 안고 있는 건축인의 기구한 숙명을 직면한다.

이 시대의 공간은 어떻게 보전될까?

조선 시대 이전의 건물과 마을은 보존하고 복원

할 대상이 되고, 근대의 건물과 동네는 보전과 재생으로 떠오르고, 아픈 역사의 현장들도 새삼 발굴해서 열심히 기억하고자 하는 변화가 나타나고 있는데, 오히려 고민이 되는 것이 있다. 바로 이 시대의 공간을 어떻게 후대에 남기느냐 하는 것이다.

당대에 아주 유명했던 건물들이 속절없이 사라진다. 김수근과 함께 현대건축의 거장으로 쌍벽을 이루었던 김중업의 최고작 중 하나로 꼽히는 제주대학교 본관은 소리 소문 없이 사라졌다. 제주도에서는 상당히 논쟁이 되었다고 하는데, 찻잔 속의 태풍에 그쳤다. 그가 설계한 서울의 프랑스 대사관만큼은 보전되더라도 다른 공간들은 다 없어져버릴까? 높은 문화 수준을 기대할 만한 대학도 이럴진대, 대부분 사적 영역에 속하는 현대 건축물들은 어떤 운명을 맞이할 것인가? 아파트 재건축 연한도 40년에 불과했는데, 그것마저 박근혜 정부에서 30년으로 축소했다. 20년쯤 지나면 다들 어떻게 허물고 다시 지을지를 궁리한다는 게 얼마나 불행한 일인가? "100년 전 것은 보전되어도 30년 전 것은 허물어진다"는 자조적인 말 그대로다.

그렇다고 모든 것을 문화재로 지정할 수는 없지 않은가? 국가 지정문화재, 지방 지정문화재, 지방 등록문화재 등으로 지정되는 경우 대부분 오래된 역사를 자랑하는 것들이지만, 현대에 지어진 건물들은 어떻게 보존할 수 있는가? 30년에서 60여 년의 시간을 지닌 건물들이고, 개중에는 한 시대의 건물 유형으로서의 가치, 삶의 방식으로서의 가치, 건축적인 완성도의 가치가 있는 건물들이 상당하다.

궁리 끝에 서울시에서는 '미래 유산'이라는 제도를 도입했다. 문화재로 등록되어 있지는 않지만 미래 세대에 전달할 가치가 있는 유무형의 모든 것, 즉 건물, 거리, 광장, 식당, 나무 등등으로 2019년 현재 등록된 유산이 모두 461개다. 건물로 보면 이름 없이 일상적으로 쓰이고 있지만, 쌓인 시간이 보이고 특정한 건축 유형을 대표하며 용도가 특이하거나 설계자의 지명도가 높은 경우들이다. 짐작하다시피 긍정적인 반응만 있는 것은 아니다. 서울시는 한 걸음 더 나아가 아파트 단지를 재건축할 때 최소한 한 동은 남기도록 유도하는 심의 제도를 운용하고 있는데, 공공을 위한 보전권과 사유 재산권이 부딪치면서 갑론을박이 뒤따름은 물론이다.

대학로에 있는 '샘터 사옥'(1979년 완공, 김수근 설계)은 아주 행복하게 풀린 보전 사례다. 지하철역 앞에 담쟁이로 덮인 운치 있는 벽돌 건물이 1층을 보행객에게 기분 좋게 열어주면서 주변의 공공 문화시설인 문예진흥원 등과 어울려 대학로의 자유롭고 문화적인 캐릭터를 상징했던 건물이다. 건물 소유주가 사망하며 상속세 납부 문제로 건물을 팔 수밖에 없는 상황에서 고층 건물 신축을 의도한 매매가 이루어질 뻔했으나, 민간 건축물을 사들여 젊은 벤처들에게 공간을 제공하는 사업을 추진하는 한 공공벤처기관이 사들여 2017년 '공공일호'라는 이름으로 다시 태어나면서 보전을 이어갈 수 있게 된 것이다. 실제로 선진 사회에서는 부자들이 재단을 만들어서 의미 있는 민간 건물들을 보전하고 공공적인 이용을 가능하게 만드는데, 우리 사회에도 그런 선례가 생긴 것이다. 부자들이 사회에 기여할 수 있는 다양한 방식 중 하나일 것이다.

그러나 무엇보다도 전파력이 높은 것은 민간 소유주의 현명한 리모델링이다. 한 대학에 강연을 갔다가, 1970~1980년대에 지은 건물들이 낡아서 대부분 리모델링을 하고 있다는 얘기를 들었다. 건축과 전혀 상관이 없지만 대학 행정에 한 역할을 하는 그 교수에게 얘기했다. "그때 지은 외벽 타일 건물들이 후져 보이겠지만, 건물 한 부분에 그 타일을 남기며 리모델링을 하면 창의적인 설계도 나오고 아주 역사 깊은 대학으로 보일 겁니다." 신식, 신소재만이 항상 좋은 것은 아니다. 나이가 든 그 무엇이 있으면, 낡아 보이는 그 어떤 것이 보이면, 요즘 유행하는 말대로 '빈티지vintage'해지면서 공간의 격조가 달라진다.

빈티지란 '고물'이 아니라, 한 시대를 풍미했던 어떤 에센스를 안고 있는 그 어떤 것을 뜻한다. 그것이 와인이든, 옷이든, 건축물이든 말이다. 이 점에서 최근 빈티지풍 리모델링이 디자인의 최전선에 등장하는 것은 아주 즐거운 현상이다. 그것이 공장이든, 폐교를 이용한 전시관이나 휴양 시설이든, 단독주택의 리모델링 증축이든, 한옥의 화려한 변신이든 기존의 오래된 건축물을 살리면서 새로움과 낯설음을 불어넣고 오래된 시간과 대비되는 공간을 만드는 것은 그 자체로 집주인에게 즐거운 체험일 뿐 아니라 현대 건축물의 지속 가능성을 높이는 방식이 된다. 계속 쓰는 것이 공간 최고의 기록이 된다.

빈티지의 도시,
집합 기억의 도시

빈티지를 감식할 줄 알게 된 지금, 전통을 귀하게 여길 줄 알게 된 요즈음, 아픔도 돌아볼 줄 알게 된 작금의 분위기가 반갑고 또 고맙다. 이 흐름이 계속 이어지기를 바라고, 지나치게 성급하거나 무성의하게 진행되지 않기를 바랄 뿐이다. 돈으로 살 수 없는 것이 시간이다. 오래 익은 시간은, 그 시간의 힘만으로도 설득력이 생긴다. 언제나 거기에 있었고 언제나 거기에 있을 듯한 안정감을 준다. 과거의 경험은 그대로 지나가는 것이 아니라 가볍게 흩어지기만 하는 것 같은 오늘에 깊이감을 드리운다.

우리 도시들도 시간이 켜켜이 쌓이는 도시로 익어갈 수 있다. 유럽 도시들에 가서 오래된 도시가 자아내는 고풍스러운 분위기에 감탄만 할 일이 아니라 그 비결을 찾아낼 필요가 있다. 아마 다들 놀라는 점이 많은 건물이 너무도 수수하다는 사실일 게다. 그러다가 찬란한 무엇이 대비되듯 나타날 때 보석을 찾은 듯한 느낌이 든다. 건물 밖은 낡아도 안은 평안하고 캐릭터를 살려 리모델링되었는지도 모른다. 그런 보석 같은 공간을 만날 때마다 기분이 좋아진다.

이것 하나는 분명하다. 우리 시대는 열심히 역사의 기록을 발굴하고 그 흔적을 남겨야 한다는 것. 문제도 있고 부작용도 생기지만 열심히 남겨야 한다. 그만큼 없앤 것, 없애고 있는 것들이 너무도 많다. 일부러 지운 것, 감춘 것, 숨긴 것도 너무나 많다. 없어진 현장, 사라진 흔적, 묻혀버린 진실, 지워진 기억이 너무나도 많다. 그래서 더욱더 뿌리를 찾고 그 흔적을 남겨야 한다. 같은 맥락에서, 지금 만들고 있는 역사를 아끼며 지켜야 상실을 거듭하지 않을 수 있다.

진화생물학자 리처드 도킨스의 말대로 생물체로서의 인간은 기껏 유전자 보유체로서 한정된 역할을 할 뿐일지도 모르지만, 사회적 종으로서의 인간은 기억과 계승을 통해 '문화 유전자meme'를 만드는 능력이 있다. 그 문화 유전자들이 쌓이고 쌓여서 사회의 '집합 기억collective memory'을 만든다. 어차피 인류는 언젠가 멸망할지도 모른다. 아니, 언젠가는 반드시 멸망할 것이다. 태양계가 소멸하는 20억 년 뒤라 할지라도 말이다. SF적 상상처럼 지구에서 더 이상 살지 못하더라도 다른 별에 가서 새로운 문명을 만들지도 모른다. 지금 우리가 저장하는 기억의 한 조각, 우리가 기록하는 흔적 하나가 어떤 임팩트를 가질지는 모를 일이다.

한 인간이 사는 시간은 찰나에 불과하지만, 이 기억과 기록은 씨앗이 된다. 기록은 기억의 단초가 되고, 기억은 이야기의 원천이 된다. 기록이 풍부할수록 혼자만의 기억이 아니라 여럿이 또는 동시대인이 같이 공유하는 집합 기억이 되고, 그 기억은 시간을 뛰어넘는 집합 기억으로 이어진다. 도시는 온전히 그러한 집합 기억의 풍요로운 저장소다.

2부

감感이 동動하는 공간

마음이 출렁거릴 때
사람은 그윽해져간다.
감이 동하는 공간을 마음속에 가진 사람은
스토리가 깊어진다.
감을 동하는 공간을 품은 도시의 스토리텔링은
끝이 없이 재생산된다.
스토리를 안은 도시,
스토리로 말해지는 도시는
영원한 생명력을 가진다.

알므로 예찬:
가슴 뛰는 우리 도시 이야기

정조·수원 화성·주합루

□ ◈ ○ ✧

"나는 우리나라가 세계에서 가장 아름다운 나라가 되기를 원한다.(중략)
오직 한없이 가지고 싶은 것은 높은 문화의 힘이다.
문화의 힘은 우리 자신을 행복하게 하고
나아가서 남에게 행복을 주겠기 때문이다."

– 백범 김구, 「내가 원하는 우리나라」, 『백범일지』
1947년 11월 15일 개천절(단기 4280년 음력 10월 3일)

공간에 대해 공부하고 일하는 사람이 흔히 빠지는 콤플렉스가 있다. 두 가지를 꼽자면, 하나는 왜 우리 사회는 공간에 대한 관심이 낮을까 하는 아쉬움이고, 다른 하나는 왜 우리 문화에는 잘 보전된 공간 원형이 별로 없을까 하는 안타까움이다. 나 역시 이 콤플렉스에 빠진 적이 있다. 지금도 완전히 없어진 것은 아니다. 언제나 그렇듯 콤플렉스란 사라지는 게 아니라 같이 살아가는 지혜가 늘어갈 뿐이다.

첫째 콤플렉스에 대해서는 '시간이 필요해!'라는 처방을 받아들였다. 때가 되면 관심은 높아지리라는 믿음이었다. 대개 국민소득 1만 달러 시대가 되면 패션에 대한 관심이, 2만 달러 시대부터는 삶의 질 전반에 대한 관심이 증폭한다는 속설이 있다. 이제 국민소득이 3만 달러를 넘었으니 삶의 질을 이루는 다양한 조건을 대하는 우리 사회의 민감성은 더욱 높아질 것이다. 예측한 대로 공간 사랑을 표현하는 사람들이 부쩍 늘었다. 카페, 집, 길, 동네, 끌리는 장소들에 스스럼없이 애정을 드러낸다. 여행 트렌드 덕분이자 블로그·페이스북·트위터·인스타그램 등 SNS와 이를 쉽게 실어 나르는 스마트폰 덕분이다. 사진 배경으로서의 공간에 대한 얕은 관심에 그치는 경우도 적지 않지만 더 깊은 관심이 나타날 전조임에 틀림없다고 나는 믿고 있다.

둘째 콤플렉스에 대해서는 심리적으로 꽤 시달렸던 것 같다. 심지어 옛 공간이 원형 고대로 보존된 채 발견되는 꿈을 자주 꾸기도 했다. 세계에서 온 학생들과 함께하는 유학 과정에서 심리적 압박을 꽤 받았던 모양이다. 한국을 중국이나 일본과 함께 동아시아 국가로 묶어버리는 분위기가 언짢았던 점도 작용했을 테고, 수없이 파괴된 문화유산들에 통탄해했던 심정도 작용했을 테다.

이제는 더 이상 이런 꿈을 꾸지 않는다. 세계 속에서 한국 위상이 높아진 것과 무관하지 않겠지만, 무엇보다도 우리 스스로 우리 문화를 귀히 여기는 분위기가 생겼다는 것이 가장 큰 이유다. 스스로 자존감이 높아져야 콤플렉스를 이길 수 있다는 이치는 분명히 맞는 것 같다.

'잡종성'에 대한 긍정:
콤플렉스를 이긴 힘

내가 이런 콤플렉스를 이겨낸 데에는 더 근본적 동력이 있었다. 현장에 대한 긍정에서 비롯한 '우리 도시 예찬'의 태도다. 그 바탕에는 '생명력에 대한 찬탄'이 있고 '잡종성에 대한 긍정'이 있다. 어떤 상황에서도 끊임없이 살아남고 새롭게 뿌리내리고 스스로 변화하고 진화하는 끈질긴 생명력이란 찬탄하지 않을 수 없는 힘이다. 다양한 방식으로 생명력이 피어나는 과정에서 필연적으로 발생하는 잡종성에 대한 애착이 서려 있음은 물론이다.

우리 도시들은 '잡종성'이 강하다. 혼성混性이라고 해도 좋다. 유럽처럼 원조를 자처하며 순종純種을 내세우는 문화, 미국처럼 혁신을 앞세워 신종新種을 지향하는 문화와는 달리 우리는 순종을 품고 신종을 지향하되 그 무엇이든 품에 안는 잡종雜種의 문화다.

왜 잡종성이 강해졌을까? 급격한 사회적 충격과 낯선 문물의 습격을 받아들이고 적응시키고 숙성시키는 과정을 스스로의 힘으로 감당하기 힘들었던 근대기의 험난한 역사가 가장 큰 이유일 것이다. 역사의 단절, 전통의 부정, 폐허로 변한 환경, 부족한 인프라, 급격히 등장한 각종 도시 문제, 상업화 물결의 습격 등 다사다난한 과제들을 짊어지고 나름의 방식으로 생존하기 위한 현대의 시간 속에서 저도 모르게 학습한 힘의 결과다.

우리 도시들에는 이러한 잡종성이 자아내는 독특한 맛이 있다.

의외성, 즉흥성, 복잡성, 대비, 변화, 푸근함, 자유로움 같은 성격들이다. 때로는 키치kitch적인 대비도 있고, 어색한 공존도 있는가 하면, 도저히 같이 있기 어려울 듯한 요소들이 뒤얽히면서 정신이 산란해질 정도로 어지럽기도 하다.

영화감독들은 우리 공간에서 나타나는 혼성적 성격을 아주 잘 포착해내곤 한다. 생각하건대, 우리 영화가 급성장한 배경에는 우리 공간의 특성에 대한 긍정이 작용하지 않았나 싶을 정도다. 공간 감성과 영화 감성이 맞아떨어졌다고 할까, 공간적 상상력과 영화적 상상력이 같이 성장했다고 할까? 이명세 감독은 〈인정사정 볼 것 없다〉에서 부산의 40계단과 달동네의 미로와 같은 골목 세계의 심리를 귀신같이 포착해냈고, 박찬욱 감독은 〈박쥐〉에서 일본풍과 근대풍과 전통 한복집의 혼성적 공간이 풍기는 기묘한 욕망의 세계를 그려냈다. 〈아가씨〉나 〈올드보이〉처럼 완벽하게 설계한 세트 공간에서 연출된 감성과는 또 다른 리얼한 상상력이다. 봉준호 감독의 첫 번째 장편영화 〈플란다스의 개〉에서 시대 의식과 공간 의식을 버무리는 솜씨에 감탄했었다. 어디에나 있을 법한 고층 아파트 단지의 외피가 품고 있는 공간들, 그 안을 찾아다니고 헤매고 숨으며 펼치는 좌충우돌과 희망을 그려냈던 그 봉준호 감독이 진화에 진화를 거듭해 〈설국열차〉에서 인류적 군상을 포괄하는 선형線形이자 원형圓形적인 열차의 잡종 공간을 그려내는 것이 흐뭇했다.

나는 이 감독들이 우리 도시를 긍정하는지 아닌지는 알지 못한다. 다만 영화에서 공간 감성이 아주 중요한 변수라면, 현실 공간에서 그 무언가를 찾아내는 역량이 창조의 단서가 되는 것은 분명할 것이다. 현실 도시 공간이 수많은 제약과 변수에 따라 만들어지는 반면, 자유로운 영화적 상상력 속에서 우리의 도시 공간이 다시 태어나는 모습을 보는 것은 아주 흥미로운 일이다.

정조와 수원 화성:
참으로 흥미로운 인물의 참으로 흥미로운 도시·건축관

자신을 긍정하는 태도를 길러가는 과정에서 자존감을 한껏 높이는 경험이란 아주 소중하다. 일종의 임계점을 돌파하는 느낌, 끓는점에 도달하는 느낌이다. 맹목적인 자화자찬이 아니라 못마땅함과 비판적인 시각과 벗어나려는 오랜 몸부림 끝에 찾아오는 경험이다. 나에게는 행운처럼 인물과 도시와 건축이 같이 왔다. 정조와 그의 신도시 수원 화성 그리고 그의 건축 공간 주합루다.

"정조가 가끔 꿈에 나온다"고 '도시 이야기' 코너에서 말했던 게 인상적이었던지, 애청자들을 만나면 이 이야기를 하면서 나를 놀린다. 역사 인물이, 그것도 왕이 꿈에서까지 나타난다니 이상도 하다는 표정들이다. 그런데 누구나 그렇지 않나? 궁금해하고 흥미를 느끼는 인물이면 꿈에서도 나오는 게 당연하지 않나? 정조는 나에게 그런 인물이다. 국왕으로서의 업적뿐 아니라 정조의 국정 운영 방식, 성장사, 대신들뿐 아니라 정적政敵과도 교류했던 긴장감과 해학 넘치는 편지 교류에 이르기까지 상당한 연구가 쌓여서 이제는 정조라는 인물을 훨씬 더 입체적으로 그릴 수 있다. 하지만 여전히 궁금하다. 수많은 소설과 영화와 드라마의 소재가 될 만큼 역동적인 서사를 안고 있는 인물이라서 그럴 것이다.

정조가 매력적인 이유는 두 가지다. '완벽한 인간이라기보다는 끊임없이 성장하는 인간'이라는 매력이 하나, '갈등과 트라우마를 안고 있으면서도 자신을 뛰어넘어 대승적인 무엇을 추구하는 인간'이라는 매력이 다른 하나다. 사실 우리 모두 스케일과 환경과 시대가 다를 뿐 그와 같은 삶을 살고 싶어 하지 않는가? 그래서 궁금증이 더해진다. 정조는 인간으로서 어떤 비밀을 가지고 있었을까? 어떤 비결을 가지고 있었을까? 어떤 동기를 가지고 있었을까? 말하지 못할 어떤 힘듦이 있었을까? 정조는 꿈에서 나에게 이런 이야기를 해준다.

수원 화성에 대해서는 『우리 도시 예찬』과 『도시의 숲에서 인간을 발견하다』에서도 이야기했으니, 여기서는 왜 내가 수원 화성에 매료됐는지 토로해본다. 수원 화성을 새삼 다시 주목한 순간은 정조 스스로 축성 과정을 기록한 책 『화성성역의궤華城城役儀軌』가 다시 발간됐을 때였다. 책 자체도 탁월하게 아름다웠으려니와 세세하고도 포괄적인 기록을 직접 눈으로 확인할 수 있었다.

실제 수원 화성에 가보면 성곽도시 자체의 규모가 그리 크지도 않거니와 성벽이 그리 높지도 않고 건축물들이 그리 화려하지도 않다는 반응이 많이 나온다. 자연스러운 반응이라 생각한다. 세계문화

유산이라는 명성에 지레 눌리지 않는다면 충분히 나올 만한 반응이다. 현시대와 비교해도 그렇고 한양 성곽과 비교하더라도 그리 대단해 보이지 않는다. 통상적인 읍성보다는 크지만 왕이 머물 '행정 신도시'라 보면 더욱 그렇다. 그래서 해석이 필요하고 공부가 필요하다.

화성의 계획과 축성 과정에는 무척 흥미로운 점들이 있다. 첫째, 시대는 200여 년 전, 1700년대 말이다. 임진왜란과 병자호란 후 피폐해진 나라가 비로소 제자리를 찾아가던 영·정조 시대였다. 하지만 효심을 축성의 명분으로 세우고 행궁行宮을 앞세웠어야 할 정도로, 신도시를 만들겠다는 왕의 포부와 야심을 의심하던 정치 세력 간에 대치가 엄연했던 때다. 그래서 표방된 목표와 속뜻을 잘 구분해야 한다.

둘째, 화성은 축성 하나로 그치지 않고 지역 개발로 이어진다. 수원水原이라는 지명에서도 나타나듯 이 지역에 농지 개발을 위하여 저수지들을 조성했다. 둔전屯田을 확보함으로써 왕권을 공고히 하려는 목표와 지역 내 자급자족을 같이 꾀했다.

셋째, 화성은 새로운 상권과 상인 그룹을 육성하기 위한 도시 개발이기도 했다. 한양을 중심으로 독점권을 휘둘렀던 기존 상업 권력을 해체하고(즉 그와 결탁했던 기득권 귀족 세력을 같이 겨냥하고) 새로운 상인 그룹에게 경제력을 분배하는 계획을 수립했다. 물론 이는 정조 사후에 모두 물거품이 되었다.

넷째, 실제 축성에 채 3년(1794년 1월~1796년 9월)이 걸리지 않을 만큼 완벽한 사전 계획과 함께 새롭게 개발한 기술이 치밀하게 준비되어 있었다. 잘 알려진 거중기뿐 아니라, 전벽돌이 대량생산되었고, 벽돌 구조물이 다양하게 설계되었고, 수리 기술의 기반을 확고하게 마련했다. 기존 목조건축의 형태적 실험을 거치며 이전보다 훨씬 더 다채로운 건축 유형이 등장하기도 했다.

다섯째, 화성은 국왕이 직접 관할하는 군대의 훈련장이자 새로운 국방 기술의 실험장이기도 했다. 축성 기술 발전과 더불어 총기 등 무기 발전까지도 이루어진 것이다. 특히 기존의 석축과는 달리 전벽돌을 이용한 축성 기술은 기능적으로도 미학적으로도 새로운 형태의 망루를 만들어냈다.

여섯째, 내가 아주 마땅해하는 점으로 바로 프로페셔널의 본격적인 등장이다. 우리 역사 속에서 장인이나 전문가가 주목받고 기록되는 사례가 드물어 아쉬운데, 조선의 후기 르네상스라 할 만한 정조 때가 바로 그런 점에서 무척 긍정적인 시대였다. 전문 역량이란 스스로 갑자기 커지는 게 아니라 그런 수요를 창출할 만한 주문이 선행해야 발굴되고 성장하기 마련이다. 그래서 리더십의 존재가 가장 큰 변수가 되는데 그 역할을 정조가 한 것이다. 덕분에 다산 정약용 등 수많은 지식인들이 현장에서 실천적 활약을 펼쳤고 여러 분야의 기술자와 장인 들이 중요한 역할을 담당했다.

일곱째, 『화성성역의궤』는 축성의 큰 이야기뿐 아니라 치밀한 건설 과정까지 담고 있는데, 가장 흥미로운 것은 노동자의 이름과 임금 지불 기록까지 남겨놓은 것이다. 왕조 시대에도 국가 프로젝트에 동원한 인력을 착취하지 않고 정당하게 사례를 지급한 소중한 기록이다. 이른바 전문 산업화를 지향하는 시도였기도 하다.

이렇게 수원 화성의 성역에 담긴 의미를 하나하나 알아가다 보면, 도시를 만드는 행위에 담긴 콘셉트들에 존경심이 절로 우러난다. 도시란 규모의 문제가 아니라 콘셉트 크기의 문제인 것이다.

창덕궁 주합루 공간: '포석'과 '공명'

창덕궁 후원에서 대중에게 가장 유명한 공간은 주합루가 있는 연못 부용지芙蓉池다. 드라마와 영화 속에서 자주 등장하는데, 연못 주변에서 열리는 왕의 연회나 로맨스 장면의 배경이 되곤 한다. 그런데 이 공간은 그게 전부가 아니다. 부용지 공간에는 지적이고 철학적이고 우주적인 의미가 담겨 있다. 이런 의미를 깨달은 것은 내가 이 공간을 처음 만나고 나서 몇십 년이 흐른 뒤였다.

어렸을 적에 사대문 안에 살았던지라 궁에 갈 기회가 많았다. 지금처럼 문화 유적 방문이 그리 유행하지 않아서 한적한 시간을 홀로이 보낼 수 있던 시절이었다. 울적하거나 기분이 묘할 때 홀로 자주 갔다. 나는 그 장면이 그렇게 좋았다. 울창한 숲 사이로 언덕길을 내려가면 홀연히 시원한 공간이 나타나고 주합루가 마치 산비탈에서 자란 나무처럼 서 있는 장면이다.

무엇이 나를 매혹했는지 그리고 이 공간의 눈에 보이는 장면 너머에는 어떤 뜻이 들어 있었는지, 아주 나중에서야 알게 되었다. 무엇보다도 이 공간에 정조라는 인물이 있었다는 사실을 알게 되었다. 정조가 처음부터 만든 것은 아니다. 부용지는 조선 초 창덕궁을 조성할 때부터 있었고 선대 국왕들이 연못 주변에 부용정, 영화당 등 작은 건물들을 지었다. 이 공간에 화룡점정처럼 주합루를 지은 이가 정조다.

주합루宙合樓라는 이름이 인상적이다. 우주와의 합일을 꾀한다니, 작은 공간에 큰 뜻을 품고 있다. 그도 그럴 것이, 왕의 도서관 격인 규장각을 설치했기 때문이다. 1층 각閣에는 도서를 두고, 2층 루樓에서는 왕과 대신들이 토론을 했다. 아름다운 연못 주변에서 로맨스가 일어났으리라는 인상과 달리, 이 공간은 철학과 공부와 국정 기획의 공간이었던 것이다. 주합루로 오르는 화계花階에 있는 작은 문의 이름이 어수문魚水門이다. 왕을 물에, 신하를 물고기에 비유했으니(또는 국민을 물에, 왕을 물고기에 비유한 것 아닐까?) 절묘한 이름이다. 주합루 아래 부용지 옆에 숙종이 재건하고 영조가 현판을 쓴 영화당暎花堂에서 과거 시험을 치르게 한 이가 정조다. 주합루 일대의 공간이 가히 인재를 발굴하고 인재와 함께 국정을 구상하는 공부의 공간이었던 것이다. 하지만 이 공간을 풍류 공간이라고 인식하는 관광객이 자책할 이유는 없다. 정조는 신하들과 그 가족까지 불러서 주합루 일대에서 마음껏 풍류를 즐기기도 했으니 말이다. 문무와 풍류는 통한다고 할까?

이 사실들을 알게 되었을 때 나는 스토리가 들어맞음에 너무도 기뻤다. 점처럼 흩어져 있던 인상들이 줄에 꿰어져서 하나의 스토리로 탄생하는 기쁨이었다. 어렸을 적에 막연히 느꼈던 아름다움의 정체도 깨닫게 되었다. 주합루 공간의 전체적인 구도는 포석布石과 공명共鳴으로 해석된다. 크기가 다르고 스타일도 다른 여러 건축물들이 마치 바둑돌을 두듯이 중요한 지점에 앉혀진다(포석). 이 건축물들은 서로 말을 건네며 같이 울린다(공명). 그 사이사이로 기가 흐르고 공기가 흐르고 소리가 흐른다. 마치 우리 음악 산조散調처럼. 흩어지며 퍼지고, 퍼지며 어울린다.

내가 왜 주합루를 마치 산비탈에 자란 나무처럼 느꼈는지도 깨달았다. 주합루 앞의 가파른 계단은 화계花階라 불리는데, 꽃나무를 층층이 심어놓아서 마치 작은 나무들이 서 있는 산비탈같이 느껴진다. 쭉 곧게 뻗은 주합루의 기둥들이 높이 솟은 나무처럼, 지붕은 풍성한 나뭇잎들처럼 느껴진다. 주합루의 스케일이 꽤 큰데도 아담하게 보이는 이유는 주위 나무들보다 살짝 낮아서다. 나무가 울창하게 드리워진 계절에는 이 특징이 더 잘 드러난다. 전문가로서 다소 놀랐던 점은, 주합루가 서 있는 곳에 상당한 평지가 조성되어 있고 부속 건물이 한 채 더 있다는 것이다. 이렇게 큰 규모를 산 중턱에 올리면서도 산의 한 부분으로 느껴지게 만든 비법이 감탄스럽다.

주합루 공간의 진수를 느끼려면 화계를 올라 어수문을 지나 주합루 2층 누각에 올라봐야 한다. 달 뜨는 밤이면 더욱 그윽해진다. 왜 이름을 우주와 합일하는 주합루라고 붙였는지 이해가 간다. 그 분위기에 사람들과의 대화도 무르익는다. 바로 이 자리에서 정조가 그 무수한 고뇌와 그 무수한 통찰의 순간을 겪었으리라 상상하면 내 마음도 깊어진다.

머리로 다가왔던 수원 화성의 도시 이야기, 가슴으로 먼저 다가왔던 주합루 이야기, 그리고 이를 엮어준 정조라는 인물 이야기는 서로 영향을 주면서 예찬의 수준을 고조시킨다.

정조에게 애틋함을 느끼는 까닭은 성장사의 아픔 때문만이 아니라 너무 급작스럽게 또 서둘러 세상을 떠났기 때문이다. 1800년, 이제 막 험난한 19세기로 돌입하던 시점이었다. 애석하고 애통하다. 수많은 의문들이 떠오른다. '만약 정조가 좀 더 살아서 개혁의 성과를 사회에 뿌리내렸으면 역사는 어떻게 달라졌을까? 후계자 양성까지 해냈더라면 조선의 19세기를 망가뜨린 세도정치의 싹을 자를 수 있지 않았을까? 화성에 새 상권을 조성함으로써 추진하려 했던 중상주의는 어떻게 국가자본으로 발전되었을까? 힘없는 사농공상이 아니라 상공商工 기능이 본격화되어 나라가 튼튼해지지 않았을까? 화성 축성에서 이루었던 기술적 혁신이 사회 전체로 전파되었으면 어떤 혁신이 일어났을까? 새롭게 구축한 국방력은 어떻게 기술력 축적을 촉진했을까? 정조의 모든 정책들이 완벽했다고 보기는 어려우나, 적어도 19세기 제국주의 침략에는 효과적으로 대응하지 않았을까? 수원 화성 신도시는 어떻게 더 성장했을까? 19세기 도시 혁신에 새로운 기운을 불어넣지 않았을까?' 생각할수록 아쉬운 점이다.

정조의 건축, 주합루의 스토리에 관해서는 그리 알려져 있지도 않거니와 그 철학적 의미와 미학과 건축 기술 역시 그다지 회자되지 않는다. 아쉽지만, 그저 받아들인다. 주합루는 내 마음 속의 공간으로 남아 있어도 충분한 것이다.

예찬이란 태도의 문제다

도시가 질서의 물리적 현존이라면 우리 현대도시의 잡종성이 때로 질서의 부재로 읽히는 것은 이해할 수 있는 현상이다. 좁은 의미의 질서 또는 정형화된 의미의 질서 개념에 영향을 받는 것이다. 서구 도시나 특정 시대의 도시와 비교하면서 생기는 콤플렉스도 영향을 미친다. 이른바 엘리트 문화라 자처하는 세계에서는 순종에 대한 강박증이 있다. 첨단 문화라 자칭하는 세계에서는 신종에 대한 강박증도 있다. 잡종에 대해서 알레르기 반응을 보이고, 낮춰보는 성향도 있다. 학계에 적잖이 이런 성향이 있고 그런 성향의 의견이 미디어에 등장함에 따라 알게 모르게 사회의식에 영향을 미쳐온 것도 사실이다.

그러나 변화는 분명 나타나고 있다. 콤플렉스에서 벗어나는 반가운 현상이다. 시간은 오래 걸려도 좋은 방향으로 나아가는 것이다. 세상에는 여러 종류의 질서가 있고, 그 질서에 우열은 없다. 하나의 질서가 다른 질서로 대체되어야 한다고 주장해야 할 이유는 더욱 없다. 특히 사회 전체 또는 도시 전체가 다른 질서로 대체되어야 한다고 볼 이유가 없다. 여러 질서들이 공존한다면 최고의 상태다. 사회적으로 건강한 에너지가 발산되고 있다는 전제하에서 그렇다.

그렇다고 있는 그대로 내버려두라는 말인가? 물론 그렇지는 않다. 사회가 계속 진화하고 변화를 거듭하듯이 도시 역시 계속 진화하고 변화를 거듭한다. 잡종의 토양이란 수많은 에너지들이 다양한 방식으로 분출하는 상태라는 뜻이다. 돌연변이와 이종교배가 자유자재로 이루어지고, 그런 가운데에서 선순환 체계가 만들어지면 아주 건강한 상태가 된다. 우리 사회, 우리 도시가 이런 선순환의 체계가 될 수 있는 가능성이 있다는 것만으로도 나는 긍정적이고 싶다.

또 하나의 예찬: 일제강점기, 도시형 한옥의 혁신

항상 당대當代다. 항상 변화다. 당대에 주어진 제약 속에서 변화하는 사회 수요에 대응해 어떤 기술을 써서 어떤 변화를 만들어내느냐가 도시 혁신의 핵심이다.

일제강점기에 일어났던 한옥의 진화는 좋은 사례다. '도시형 한옥'이라 불리는 집이다. 주로 북촌에 남아 있는 이 한옥들은 지금은 전통 한옥으로 인식되지만 당대에는 완전히 새로운 건축이었다. 만약 온전한 우리의 힘과 우리의 자본으로 근대화가 일어났더라면 과연 얼마나 큰 혁신이 이루어졌을까 상상하게 만드는 대목이다.

도시형 한옥은 1920년대부터 생겨나기 시작했다. 두 가지에서 전통 한옥과 크게 다르다. 첫째, 건물이 앉은 땅이 아주 작다는 것. 둘째, 부엌과 화장실이 집 안으로 들어온다는 것. 몰락한 양반들이 살던 큰 집을 인수해서 여러 채의 작은 집으로 만든 일종의 '집장사 사업' 과정에서 일어난 혁신이다. 도시형 한옥은 1960년대까지 반세기 동안 서울 사대문 안뿐 아니라 인근 동네에까지 퍼뜨려진 신식 건축이었다. 이 혁신 과정에 한 인물이 있었다. 개발업자이자 건축가로 역할을 했던 '정세권'이라는 인물이다. 도시 혁신이란 그 공간, 그 시간, 그 문제에 맞서서 어느 인물이 열심히 고민하면서 만들어진다. 정조가 살던 시대에도 그랬고, 이 시대에도 물론이다.

예찬하는 태도에는 어떤 '바름'이 필요하다. 무턱대고, 무작정, 맹목적으로 예찬하는 태도란 무턱대고, 무작정, 맹목적으로 비판하는 태도와 별로 다르지 않다. 좋아하는 행위만 마음의 문제인 것이 아니라 싫어하는 행위도 마음의 문제이기는 하지만, 이른바 교조적인 기준, 규범적인 기준, 또는 유명세 이상을 넘어서는 자신만의 눈이 필요하다.

물론, 예찬한다고 해서 그 대상이 완벽하다는 뜻은 아니다. 마치 결점이 있는 사람에게 훨씬 더 인간적인 매력이 있듯이, 결점을 가진 인간이 어떤 덕목을 보일 때 훨씬 더 감동적이듯이, 도시도 마찬가지다. 비록 우리 도시의 현재에 대해서 불만이 많다 하더라도 그 때문에 좋은 점을 보지 못할 이유는 없다.

좋은 방식이라면 예찬하는 이유를 들어보는 것이다. 해보면 알겠지만 예찬하는 이유를 구체적으로 대기는 무척 어려운 반면, 비판하는 이유는 천만 가지라도 댈 수 있다. 사람의 마음이 작동하는 방식이기도 하다. 싫은 데에는 판단력이 작동하고 좋은 데에는 마음이 작동한다. 하지만 이것을 넘어보자. 좋아하는 이유를 마침내 말할 수 있다는 것은 우리가 진정한 예찬을 하고 있다는 신호이자 또 다른 단계로 나아간다는 신호일 것이다.

콘셉트 5

대비로 통찰:
해외 도시로 떠나는 이유

콘텍스트 · 진본성

□ ◈ ○ ✧

행복하게도 도시는 항상 당신 주변에 있다. 도시는 오픈 북이다.

– 김진애, 『도시의 숲에서 인간을 발견하다』

'도시 이야기' 코너에서 여름철이 되면 '도시 여행 특집'을 하곤 한다. 프롤로그에 썼듯이 평소에는 여행 가이드 노릇을 마다하지만 여름철이 되면 나도 마음이 좀 너그러워진다. '그래, 여름에 여행보다 더 좋은 게 무엇이랴?' 하는 생각이 드는 것이다. 반응은 유독 즐겁고 경쾌한 방식으로 다가온다. "가고 싶어요.", "아, 기억나요.", "제대로 알게 됐어요.", "내가 느꼈던 바를 콕 집어서 얘기해주어 좋네요.", "왜 모르고 갔던 걸까요? 또 다른 여행을 계획하게 되네요." 보람찬 반응들이다. 해외 도시를 향한 막연한 동경을 심고 싶지는 않지만, 호기심과 모험심은 불어넣고 싶다.

좋은 것을 발견하면 기뻐지고 그 좋음을 공유하고 싶은 게 인지상정이다. 좋아하는 노래, 영화, 책, 시구, 문장, 생각, 인물이 생기면 같이 얘기하고 싶듯이, 여행 경험 역시 마찬가지다. '너도 느꼈어?

나도 느꼈는데! 너는 다르게 느꼈구나! 왜 그리 느꼈을까?' 가지각색의 반응들이 나타나는 자체가 즐겁다. 여행기가 성행하는 이유이고, 어떤 여행기는 수많은 사람들의 마음을 때리며 또 다른 여행자들을 만들어내는 소이연일 것이다.

여기에서는 왜 해외 도시에 가는가에 대해 도시 전문가로서 나의 생각을 풀어놓고자 한다. 평소에 해외여행에 대한 여러 질문들을 받곤 하는데, 그때마다 갈등도 생기고 깨닫는 바도 생긴다.

제일 좋은 도시?
그런 건 없다

어느 도시가 제일 좋으냐는 질문을 자주 받는데, 참 난감하다. 전문가로서 많은 도시에 가봤으리라 여겨서 하는 질문임은 알겠으나, 마치 "엄마랑 아빠 중에 누가 좋아?" 같은 질문이다.

제일 좋은 도시? 세상에 그런 건 없다. 이 도시는 이래서 좋고 저 도시는 저래서 좋다. 이 도시는 이런 점이 모자라고 저 도시는 저런 점이 지나치다. 나 역시 여느 사람과 다르지 않아서, 도시 자체가 아무리 근사하더라도 바가지에 당하고 불친절함에 학을 떼거나 거리 범죄에 노출되었던 도시는 이미지가 나빠진다. 도시 역시 사람과 마찬가지로 그 사람이 얼마나 멋진가보다는 '나와 맺는 관계'가 훨씬 더 중요하고, 특별한 만남 이상으로 일상의 접촉이 더욱 영향을 미치는 것이다.

많은 도시들을 다녀보니 이것 한 가지는 뚜렷이 알겠다. 한 번이라도 가본 도시는 대체로 더 좋아진다는 사실이다. 좋아하니까 간 것 아니냐고? 물론 그런 점도 있겠으나 모든 여행 스케줄을 내 뜻대로 짜는 건 아니므로 우연히 들르는 경우도 생기고, 특히 업무 출장은 선호도와는 상관없이 결정되기 마련이다. 실제로 보고 나면 더 잘 알게 되고 알게 되면 좋아진다는 이치가 작용하는 것일까? 알고 지내던 사람의 집에 가보고 나면 그 사람이 더 잘 보이는 것과 비슷한 이치다. 잠깐이라도 스친 도시는, 아주 짧게 몇 시간이었다 하더라도, 더 가깝게 다가온다.

또 한 가지 뚜렷한 점은 그 도시에 실제로 가보고 나면 기존에 가졌던 생각이 달라진다는 것이다. 좀 더 확신이 들기도 하고 좀 더 의문이 많아지기도 한다. 선입견이 깨지는 것은 물론 막연한 인상에서 벗어난다. 사람을 실제로 만나고 시간을 같이 보내고 나면 사뭇 다른 면을 발견하게 되는 것과도 비슷하다.

'콘텍스트'란 그리도 중요하다

왜 그럴까? 아주 중요한 점이 있다. 바로 콘텍스트context를 알게 되기 때문이다. 도시에서, 공간에서, 건축에서 콘텍스트가 얼마나 중요한지는 아무리 강조해도 모자란다. 콘텍스트란 문맥, 맥락이다. 어떤 맥락의 글에서 그 단어가 쓰이느냐, 그 문장이 나타나느냐가 중요하듯, 어떤 도시적 맥락에서 그 공간, 그 건축이 존재하느냐가 우리의 체험에 큰 영향을 미치는 것이다.

이런 측면에서 볼 때 관광버스를 타고 한 점點에서 다른 점으로 옮겨 다니는 여행은 콘텍스트를 배제할 위험이 크기에 반쪽 체험이 되기 쉽다. 길을 잃다가 찾아낸 그 어떤 공간이 우리의 기억에 아로새겨지고 사무치게 가슴을 흔드는 경험이 되는 것은 콘텍스트에 대한 이해 덕분이다. 정점을 향해 점증하는 기대감, 이것이냐 아니냐를 찾아내면서 발동하는 추리력, 꼬리에 꼬리를 물고 다가오는 단서들을 포착하는 즐거움, 시각뿐 아니라 오감을 건드리며 출몰하는 단서 등을 경험하며 마치 탐정처럼 주변의 맥락을 포괄적으로 체험하게 되는 것이다.

공간 전문가와 같이 여행을 해본 사람들은 가끔 꽤 피곤하다고 토로한다. 너무 돌아다닌다는 것이 불만 중 하나다. 건물의 앞쪽만이 아니라 옆도 보고 뒤쪽도 돌아가 본다. 주변 동네를 헤집는다. 갑자기 골목 안으로 불쑥 들어간다. 멀리서도 봐야 하고 가까이에서도 봐야 한단다. 건물 안에서도 어딘가 사라졌다가 나타나곤 한다. '대체 뭐 볼 게 있다고 저리 다니는 게야?' 사실 별거 없다. 특별한 보물을 찾아다니는 건 아니니 안심해도 좋다. 다만 건물이나 공간이 어떤 맥락 안에서 자리하는지, 주변과 어떤 관계를 맺고 있는지 확인해보고 있는 것뿐이다.

도시에서 "콘텍스트를 읽으라"는 말이 자주 나오는 이유는 바로 이 때문이다. 도시에서는 어느 것도 홀로 서 있지 않다. 다른 무엇과 관계를 맺으면서 성격이 규정된다. 만약 우리가 어떤 도시 공간에서 감이 동하는 것을 느낀다면 그 공간이 주변과 어떤 관계를 맺으면서 특정한 감정을 유발하기 때문이다. 녹아든 듯한 자연스러움, 언제나 거기에 그렇게 있어 왔고 앞으로도 있을 듯한 영원의 느낌, 놀라움, 생소함, 극한의 대비, 의외성, 이야기를 걸어오는 듯한 친밀함 등 그것은 풍경과 식생과 다른 건물들과 길과 광장과 조형물들과 조화와 변조를 이어간다.

콘텍스트란 비단 도시 공간에만 적용되는 것은 아니다. 시간의 맥락을 이해하는 것도 주효하고, 자연의 맥락, 그 사회의 문화, 정치 사건, 인물, 예술 등 인간 행위 전반에 대한 맥락을 이해하는 것도 곁들여진다. 그렇게 콘텍스트가 종합적으로 읽힐 때, 왜 여기에 이런 모습으로 이렇게 있는지 스스로 설득이 된다.

로마 판테온의 콘텍스트

『도시의 숲에서 인간을 발견하다』에서 판테온Pantheon을 로마에서 처음으로 찾아가던 길에 대해서 썼다. 어쩌다 길을 잃어서 오히려 더 절정을 느꼈던 경험이었다. 시간은 밭고, 길은 모르겠고, 내비게이션조차 없던 시절에 지도 속에서 확인해놓은 기억 속 위치와 잽싸게 달리며 주변을 살피는 나의 눈과 머리가 상호 작동하는 과정, 이윽고 골목 사이로 보이던 오벨리스크와 둥근 돔의 일부분. 이것이 합쳐지는 과정이었다.

판테온 안에서 느끼는 감정에 대해서는 수많은 묘사들이 있다. 나의 느낌을 한마디로 표현하자면, '시간이 정지하는 느낌'이었다. 마치 영화 속 한 장면에 들어온 듯한 초현실적인 순간이었다. 이 감동을 뒤로하고 판테온 주변을 다시 살폈다. 특히 판테온 뒤편이 인상적이다. 판테온의 기반이 엄청난 두께의 벽돌 쌓기로 이루어졌음을 확인할 수 있는 공간이다. 땅에 닿는 부분의 벽 두께가 6미터에 이른다. 벽돌 위에 바른 보호 시멘트가 벗겨져 있고 일부는 무너져 있기조차 하다. 판테온의 완벽한 43.3미터 구球의 평면과 단면을 만들어낸 야심찬 구상도 구상이려니와 그것을 고대 로마 특유의 노하우였던 콘크리트로 실현해낸 힘을 느끼는 순간이다. 그런 순간을 작은 뒷골목에서 한눈에 느낄 수 있다니.

판테온은 스스로 주변의 콘텍스트를 만들어간 셈이다. 상당한 공간을 광장으로 확보했었는데 개발이 팽창하면서 주변 건물들이 야금야금 먹어오더니 아예 판테온을 둘러싸 버렸다. 전면 광장도 그리 크지 않아서 전체적으로 동네 사이에 끼인 것처럼 느껴질 정도다. 그런데 그런 콘텍스트가 더 감동적이다. 그렇게 옹색하기에 안에 들어갔을 때 펼쳐지는, 시간이 멈추는 듯한 공간이 더욱 감을 동하게 만드는 것이다. 여느 동네 안에 숨어 있는 위대한 공간, 판테온의 힘이다.

런던 밀레니엄 브리지 - 시간의 맥락을 잇는 힘

맥락 속에 존재하면서 맥락을 잇는 힘, 이것이 공간의 힘이다. 특히 시간의 맥락을 이어가는 힘이란 아주 근사하다. 도시란 하루아침에 만들어지는 게 아니고, 긴 시간 동안 맥락을 이어가면서 새로운 도시적 맥락을 만들 수 있다는 게 감사한 일이다. 이런 일이 지금 이 시대에도 여전히 일어날 수 있음을 증명하는 좋은 사례가 런던의 밀레니엄 브리지Millenium Bridge다.

런던은 서울처럼 강이 도시를 양분한다. 이렇게 양분된 공간을 보행자 전용 다리인 밀레니엄 브리지 하나로 엮어냈다. 이 엮음을 통해서 런던의 랜드마크 중 하나인 세인트폴대성당의 입체적인 전면이 런던 도시 풍경에 떠올랐다. 언제나 거기에 있었지만 새로운 장면으로 나타난 것이다. 다리는 강 건너 도시 재생을 통해 새로 태어난 동네로 이어진다. 화력발전소를 개조해서 새로 태어난 테이트 모던이 있는 동네다.

런던 자체가 아주 오래된 도시지만 새롭게 개조되는 도심을 보면 아예 시간을 잊은 듯 미래가 와 있는 도시처럼 보일 정도다. 그러나 그 와중에도 도시에 남아 있는 오래된 시간의 흔적을 이어가며 새로운 도시 풍경을 만들어가는 힘은 아주 부럽다.

진본성의 힘은 크다

우리가 먼 길을 떠나 해외에 가는 것은 이른바 오리지널original을 직접 만나기 위해서다. 현장에 직접 가기 전까지는 아직 모른다. 아무리 사진으로 많이 보고 동영상을 통해 봤더라도 실제 가보면 다르다. 실물을 마주하고도 사진이나 동영상을 볼 때와 똑같은 느낌을 받는다면 그게 외려 이상한 일이다. 여러 이유들이 있다. 첫째, 사람은 전체와 부분을 온통 한꺼번에 느낀다. 둘째, 인간은 끊임없이 움직인다. 셋째, 인간의 눈은 카메라보다 넓고 또 정교하다. 넷째, 체험이란 시각만이 아니라 오감의 종합으로 이루어지는 것이다. 다섯째, 우리 뇌 속의 시냅스가 폭발하면서 지적 자극과 감성적 자극을 상승시킨다.

그래서 우리는 물체 자체만 보는 게 아니라 그림자까지도 본다. 눈에 안 보이는 것까지도 본다. 빛의 존재를 느끼고 공기의 흐름을 느낀다. 기둥만 보는 게 아니라 기둥에 파여 있는 홈까지도 느낀다. 지붕을 보고 비 오는 장면과 눈 쌓인 장면을 머릿속에 그리기도 한다. 창문을 보고 사람들의 어른거림을 느끼고, 문의 형태를 보고 사람들의 움직임을 상상한다. 배경을 바탕으로 물체를 인식하며 그 이미지를 각인한다. 이리저리 다니면서 머릿속에서 안팎을 연결하고 3차원적인 입체를 구성한다. 그 자리 그 시간에 가보는 직접 체험이 그리도 생생한 이유다.

그래서 '명품진품名品珍品'이라는 브랜드 성격의 이름보다는 '진본眞本'이라 칭하는 것이 더 좋다. 진본성眞本性이라는 뜻을 갖는 오센티시티authenticity라는 다소 어려운 영어 단어가 더 적확하게 뜻을 담는다. 다른 무엇보다도, '이 세상에 딱 그것 하나만 있'기에 나오는 힘이다. '너무 아름다워서, 너무 매혹적이어서, 너무 화려해서, 너무 진솔해서, 너무 웅장해서, 너무 소박해서, 너무 우아해서, 너무 뜻이 깊어서' 이상의 힘을 발휘한다. 이것이 공간의 진짜 힘이다. 바로 거기에 그 자리에 있음으로써 나오는 힘이다. 이 세상의 모든 공간은 단 하나씩만 있다. 콘텍스트에 얽힌 인연으로 발생하는 '유일성'이다. 그게 진본의 힘이 된다. 사람들은 그 오센티시티를 느끼려고 굳이 먼 길을 떠난다. 공간이란 콘텍스트와 불가분의 관계에 있는 것이다.

이런 측면에서 전문가로서의 고충을 토로하자면, 직접 가보지 않고서는 뭐라 말하기가 쉽지 않다는 것이다. 문학을 하는 사람들은 가보지 않은 곳일지라도 글을 통해 공간 상상력을 발휘하곤 하는

데(예를 들어 셰익스피어, 박경리 등은 가보지 않은 공간을 배경으로 엄청난 작품을 썼다), 그 점이 너무 부럽다. 문학적 상상력이란 공간 상상력까지도 아우르는 것이다. 이 분야의 전문가로서는 땅에 발을 디뎌야 할 수밖에 없다. 도시 건축이 바로 그렇게 발로 뿌리를 내리며 중력을 버텨내야 하기에 이 세상에 단 하나만 존재할 수 있다는 점을 가끔 불만스러워하기도 하지만(복제가 되지 않고 대량생산할 수가 없기에), 바로 이 점이 도시와 건축의 핵심적인 특질이라는 사실도 아주 기꺼워하는 바다.

공간 전문가로서는 실제 가보지 않고서 상상력의 힘만으로 어느 공간에 관해서 이야기하기에 큰 부족함을 느끼게 된다. 그렇다고 모든 곳에 직접 가볼 수는 없지 않은가? 딜레마다. 어떤 때는 공부한 것만으로, 즉 머리로 아는 것만으로 이야기를 해야 하니 스스로 진본성을 파악하지 못하고 있다는 한계를 느낀다. 간접 공부와 직접 공부란 그렇게도 다른 것이다. 나에겐 대표적으로 북한 도시, 북한 건축이 그렇다. 워낙 사회주의 건축의 영향이 커서 러시아나 중국의 도시 건축 체험이 도움이 되기는 하지만, 북한 건축의 이른바 주체적·민족주의적 건축 공간을 실제적으로 그 자리에서 접해볼 때까지는 그에 대한 구체적 판단을 유보할 수밖에 없다.

벤치마킹을 경계하기란 참 어렵다

외국의 도시 건축을 체험하는 과정에서 경계해야 할 점을 하나만 짚자면, 이른바 '벤치마킹bench-marking'이다. 경영 분야에서 주로 쓰이던 어휘가 다른 분야에서도 보편적으로 쓰이더니 요즈음엔 정치권, 행정권, 지방자치, 관광 분야에서 자주 쓰인다. 선의로 보자면 좋은 것으로부터 배우자는 뜻이겠지만 자칫 유명한 것을 베끼자는 태도로 둔갑하는 게 문제다. 이른바 사례 연구라는 명분으로 보고서에 꼭 들어가기도 하고 선진 사례를 탐방한다면서 무수하게 해외로 나가기도 한다.

'왜 우리에게는 이런 게 없지? 이런 거 있으면 좋겠다.' '왜 우리는 이렇게 못 만들지? 우리도 만들 수 있을 것 같은데.' 왜 우리는 좋은 것을 보거나 유명한 것을 볼 때면 부러워하면서 비교하게 되고 뭔가 비슷한 것을 만들자는 생각에 이르는 걸까? 단적으로 인정하자면, 콤플렉스의 발동에 다름 아니다. 이른바 세계화의 부작용 중 하나라 할 것이다.

여행 자체의 즐거움에 몰두하는 진짜 여행자들은 여간해서 이런 콤플렉스에 빠지지 않는다. 즐기는 대상으로 여기고 콘텍스트를 이해하고자 하며 다른 문화를 향한 순수한 호기심을 발동시킨다. 무엇보다도 진본의 힘을 느끼는 자체에 큰 의미를 둔다. 하지만 벤치마킹이 많은 여행의 동기가 되는 것도 부인하기 어렵다.

벤치마킹 자체를 하지 말라고 할 수는 없다. 역사적으로도 많은 문화의 교류가 부러움과 선망, 때로는 질투에서부터 시작되었다. 특정한 스타일(양식)이 한 시대를 지배했던 현상도 그런 흐름에서 존재했다. 정치 패권이 문화 패권으로 이어지고, 당대의 선진 도시에서 히트한 양식이 다른 도시들에서도 차용되고 때로는 복제되고 때로는 절충적인 양식을 만들어내면서 새로운 혁신의 단서가 되기도 했다. '속 깊은' 벤치마킹이라면 문화 교류와 진화에 아주 좋은 자극이 되기도 하는 것이다.

이 시대의 벤치마킹에서 우려되는 점이 몇 가지 있다. 첫째, 복제하는 기술이 너무도 발달했다. 둘째, 복제 자체에 거부감이 없는 경우도 많다. 관광 분야에서는 대놓고 이름을 걸고 복제를 하고 또 그 복제 자체를 홍보하기도 한다. 여기에 '브랜딩'이라는 이름을 붙이기도 한다. 셋째, 결과적으로 '겉모습' 복제에 그치게 된다. 유전자의 개입이 없는 복제가 되는 것이다. 넷째, 그러다 보니 문화의 근저를 건드리지 못하고 한순간의 유행에 그쳐버린다.

이른바 '디즈니피케이션Disneyfication(도시가 디즈니랜드처럼 관광객을 위한 테마파크처럼 변하는 것), 프랜차이징franchising(똑같은 모양의 매장을 뿌려대는 것), 브랜딩branding(대표 이미지로 각인시키는 것), 카피캣copycat(유명 이미지를 카피하는 것) 등 벤치마킹과 더불어 나타나는 현상은 이 시대 도시들이 처한 운명적 상황이자 문제적 상황이다. 이러한 상황에서 어떤 태도를 취해야 할까? 온갖 복제품이 판치는 이 시대에, 복제품을 쓰면서도 잘 섞어 쓰면서 새로운 콘텍스트를 생성해내고 그 과정에서 또 다른 진본을 만들어내는 지혜는 어떤 것일까? 고민되는 대목이다. 그리고 이 고민은 태생적으로 잡종성을 갖고 있는 우리 도시들에서 특별히 더 중요한 과제가 된다.

'콘텍스트를 살리는 벤치마킹'을 하려면 어떤 지혜가 필요할까? 특정한 시간, 특정한 공간에 만들어지는 도시와 건축은 자신의 콘텍스트 안에 있을 때 진본의 힘을 발휘하는데, 진본의 일부분을 가져와 쓰더라도 어떻게 콘텍스트에 들어맞게 할 것인가? 이것이 도시의 콘텍스트를 만들어가는 방식일 것이다. 건축물이나 특정 공간은 카피가 되기도 한다. 조형물이나 특정 디자인은 대놓고 카피가 되기도 한다. 하지만 도시는 카피할 수 없다.

〈알쓸신잡3〉에 등장한 시에나 캄포광장

선배 건축가 김인철이 오랜만에 전화를 걸어오더니 다짜고짜 "고맙다"고 해서 놀랐다. 사연인즉 〈알쓸신잡3〉의 시에나 편이 너무 고마웠다는 것이다. 어느 지방 도시의 광장을 설계하고 있는데 광장이 들어설 자리의 지형을 살려 기울어진 광장을 제안했더니 시 간부들이나 위원회가 심하게 반대를 해서 곤욕을 치르고 있었단다. 그런데 시에나가 나온 〈알쓸신잡3〉을 본 후, 위원회에 참석해서 아무 설명 없이 내가 그 기울어진 광장을 걷는 장면만을 보여줬는데 반발이 사라졌단다. 웃음 짓게 만드는 에피소드지만 웃을 일만도 아니다.

시에나 캄포광장은 '가장 우아한 광장'이라는 수식어가 붙을 만큼 빼어나게 아름다울 뿐 아니라, 여러모로 존경할 만한 광장이다. 광장 설계자가 알려져 있지 않은 무명 또는 익명의 작업이라 더욱 신비롭다. 13세기였으니 르네상스 시대와 달리 건축가를 주목하던 시절도 아니었다. 혹시 의식이 깨인 영주의 구상 아니었을까?

아주 간단한 장치로 가장 시민 정치적인 공간을 구성했다. 조개 모양의 공간을 부챗살처럼 아홉 구역으로 등분하고 각 구역마다 동네(가문)를 지정해 동네들이 모두 광장에 모여서 시민 회의를 하는 것이다. 아니면 어느 벽돌 장인의 작업일지도 모르겠다. 시에나에서 생산하는 벽돌을 바닥에 깐 것이다. 광장을 아홉 등분하는 경계선에만 대리석을 썼다. 아주 지역 경제적이고 지역 문화적인 포장이다. 작은 도시국가의 청사 앞, 시장이 열리던 그저 완만한 산비탈 공간이 이렇게 재탄생한 것이다. 도시 전체의 지형의 흐름에 따라 사람들은 마치 물 흐르듯 캄포광장으로 흘러 들어온다.

캄포광장은 몇백 년 뒤에 미켈란젤로를 감동시켜 그가 광장을 설계하는 데 영향을 미쳤다. 다시 수백 년 뒤에 캄포광장은 영국의 건축가 리처드 로저스를 감복시켜서 그가 파리 퐁피두센터를 설계할 때 건물 앞에 기울어진 광장을 만들게 했다. 위대함에 대한 '오마주'를 바친 것이다. 진본의 힘은 이렇게 울림이 크다.

완벽한 익명성을 찾아서

이 장에서 전문가로서 하는 해외여행을 중심으로 이야기를 풀어냈지만, 마지막은 해외로 떠나는 가장 근본적인 이유로 마무리하고 싶다. 왜 해외로 가는가? 로망을 찾아서? 신기한 풍물을 접해보려고? 유명한 공간들을 직접 확인하려고? 박물관과 기념관에 들러 원작을 보려고? 생생한 공연 현장을 체험하려고? 다 작용한다. 그런데 이것은 어떨까? 완전한 익명성을 찾아서!

사실 나는 이것을 해외여행의 핵심 동기라고 본다. 아무도 나를 모르는 곳, 아는 사람이 아무도 없는 곳에서 누릴 수 있는 완벽한 자유를 만끽할 수 있다는 그 느낌이 좋아서 떠난다. 내가 속한 세상, 나의 콘텍스트에서 벗어나 새로운 곳에서 느끼는 해방감과 자유로움이 반갑다. 나를 모르는 세상에서 완벽하게 새로운 출발을 할 수 있을지도 모른다는 환상마저도 찾아온다. 익명성이란 두려움의 원천인 동시에 자유의 원천이라는 진리를 다시 한번 느끼게 된다.

해외에서 느끼는 익명성이란 어딘가 좀 다르다. 자신이 사는 세계에서의 익명성이 주는 부정적 의미가 잦아든다. 소외감이 덜하고, 적절한 거리감에 오히려 마음이 편해진다. 모르는 게 많아서 궁금증이 생기고, 알고 싶어지는 게 많아져서 신난다. 익명의 세계를 헤쳐 나가는 자신이 부쩍 어른이 된 것 같아 뿌듯하고, 각종 호기심이 발동해 다시 아이가 된 듯한 기쁨도 느낀다.

바로 이것이다. 다시 아이의 눈으로, 그러나 부쩍 자란 어른의 머리로 세상을 볼 수 있게 되는 것. 이것이 모르는 세계, 익명의 세계에 가봄으로써 느낄 수 있는 최대 기쁨이다. 내가 아이 짓을 한들 흉을 볼 사람도 없다. 내가 얼마나 훌쩍 컸는지 그 보람은 자기 마음 속에 담는다.

그리고 머지않아 우리 대부분은 일상으로 돌아온다. 돈이 떨어져서? 외로워져서? 음식이 그리워져서? 사람들이 그리워져서? 우리말로 원 없이 말하고 싶어져서? 직장에서 잘릴까 봐? 이혼당할까 봐? 어떤 이유든 간에, 다시 돌아왔을 때 변화한 자신을 느끼는 것은 모두가 매한가지일 테다. 떨어져 있을 때 더 잘 보인다. 거리감은 통찰의 기본이다. 그 변화한 자신으로 가까이 있는 환경을 새로운 눈으로, 새로운 마음으로 볼 수 있게 된다.

다시 이 질문으로 돌아와보자. "제일 좋은 도시는 어디인가요?" 최고의 답은 "지금 살고 있는 도시이지요"가 아닐까 싶다. 아무리 부족한 점이 많더라도, 아무리 모자람이 많이 보이더라도 자신이 지금 살고 있는 도시를 제일 좋은 도시로 여기는 마음가짐이 생기는 것, 이것이 해외여행에서 얻을 수 있는 진정한 배움 아닐까? 떠나서, 완전히 모르는 세계에 자신을 맡겨볼 때 배움의 눈을 뜰 수 있고, 그 배움으로 내가 처한 환경에 대해 냉철한 눈과 따뜻한 가슴을 작동시킬 수 있다. 통찰의 힘이다.

콘셉트 6

스토리텔링:
'내 마음속 공간'은 어디인가?

통영 이야기·강화 스토리

□ ◈ ○ ✧

"아름다움을 볼 때면 굳이 말하지 않아도 그것이 암시하는 행복이 예외적인 것임을 알기에 목에서 덩어리가 치밀어 오른다."

– 알랭 드 보통, 『행복의 건축』

우리의 마음속에는 그 어떤 공간이 존재한다. 아픈 추억이든 즐거운 추억이든 놀라웠던 추억이든 그러한 추억이 담긴 공간을 품고 있는 사람은 속이 깊다. 마음이 출렁거리는, 즉 감感이 동動하는 체험을 하면서 사람은 그윽해져가는 것이다.

감동이란 사람, 음악, 그림, 시, 조형물, 말, 글, 퍼포먼스, 사진 등 여러 원천으로부터 발생하지만 공간으로부터 오는 감동이란 감정선을 건드릴 뿐 아니라 몸에 새겨지고 머릿속에 자리 잡는다. 사람과 공간 사이에 필연적으로 생기는 관계 때문일 것이다. 우리는 공간 속에 존재하고, 우리 자신이 없으면 공간의 존재 자체가 무의미해진다. 공간의 절대성이 아니라 나와 맺는 관계 속에서 공간은 존재하는 것이다.

공간으로부터 오는 감동은 인간 이상의 더 큰 무엇을 느끼게 한다. 시간과 공간을 넘어서는 더 큰 무엇을 말이다. 오르기를 그리 잘하지 못하는 나는 등반의 경험은 일천하지만 북한산과 한라산 정상에서 느낀 감동을 생생하게 기억한다. 나보다 더 큰 무엇, 내가 감히 가까이하지 못했던 그 무엇, 바로 이 순간에 응집하는 감정의 파동이 몰려왔다. 산을 오르는 등반가, 극한 자연을 찾는 모험가들의 마음을 이해할 만하다. 자연의 신비를 헤아리며 지구와 우주의 마음을 더듬어보는 인간 생명체의 마음 말이다.

경이로운 자연 속에 인간이 만든 구조물이 앉혀지고 얹어지면서 빚어지는 공간은 또 다른 감동을 자아낸다. 인간의 힘을 느끼고, 인간의 한계를 깨닫고, 인간을 넘어서는 힘을 느끼게 하는 것이다. 이를테면, 나에게 부석사 가는 길은 아주 특별하다. 몸을 움직이며 마음도 같이 움직인다. 차로 계곡을 따라 올라가면서부터 가슴이 뛴다. 산을 오르며 기대감은 부풀어가고 오밀조밀하게 이어지는 마을과 사과밭 그리고 부석사 건축 공간이 자아내는 변화무쌍한 풍경에 정감이 솟는다. 마침내 무량수전에 올라 뒤로 딱 돌아서는 순간, 눈앞에 펼쳐지는 장면에 숨이 멎는다. 오직 산만이 끝없이 이어진다. 지평선 즈음해서 산은 하늘 속으로 스며들 듯 만난다. 그저 산을 등반했을 때 느끼는 것과는 다른 감정이다. 사람이 마음을 담아 만든 공간과 건축을 통해서 이곳에 왔기에, 자연이 펼치는 공간을 바라보면서 해방감이 밀려오는 것이다. 그렇게 부석사는 '내 마음속 공간'이 된다.

감동을 증폭하는 것은 감동의 교류다. 입 밖에 내면 차마 그 감동이 줄어들까 염려할지도 모르지만 표현함으로써 감동은 정제되고 전파되고 증폭한다. 사람 사이에 감동을 교류하는 것만큼 강렬한 소통이 없다. 같은 감동을 느낀다는 것을 알 때, 같은 대상에서 같은 것을 느낀다는 것을 깨달을 때, 같은 흔들림을 겪었음을 알 때 사람 사이에는 불꽃이 인다. 서로에게 특별한 존재가 된다.

스토리텔링의 힘

스토리텔링은 그래서 필요하다. 여행이라는 단속적 체험을 이어주는 것이 스토리의 힘이다. 점을 이으면 스토리가 되고 스토리 속에서 점 하나하나는 더욱 빛나게 된다. 스토리는 확장하는 속성을 가지고 있으며 확장은 하나의 스토리텔링으로부터 시작된다. 많은 사람들이 스토리를 공유하게 만드는 것이 스토리텔링의 힘이다.

스토리텔링의 조건이 있다. '아주 좋았어! 너무 멋지더라! 감동이었어!' 같은 느낌표만이 아니라 그 느낌표를 만드는 소이연이 뒷받침되어야 스토리텔링이 시작된다는 것이다. 단서는 무엇이었는지, 어떻게 시작되고 어떻게 전개되었는지, 발견한 것은 무엇이고 잃어버린 것은 무엇인지, 어떤 의문이 풀렸고 어떤 의문이 새로 생겼는지, 무엇에 끌렸으며 왜 끌렸다고 생각하는지 등 스토리를 이어갈 수 있는 소재는 다양하다. 스토리가 되면 일단 빨려 들 가능성이 생긴다. 호기심이 떠오른다. 이해가 되기 시작한다. 다음이 궁금해지고 끝이 궁금해진다. 추리가 작동하고 기대가 작용한다. 이야기를 하는 사람뿐 아니라 이야기를 듣는 사람의 상상력과 기대가 서로 작용하면서 스토리는 굴러간다.

공간의 효능 중 하나는 기억을 소환하는 시냅스를 아주 효과적으로 작동시킨다는 것이다. 3장에서 거론한, 대중의 마음속에 존재하는 '집합 기억'이 대개 축적된 지적 학습으로 이루어진다면, 개인의 기억이란 직접 체험에서 발발한 반응에 따른 것이다. 뇌가 작동하는 방식을 보면 후각이 기억의 시냅스를 작동시키는 데 가장 큰 역할을 하지만 그 기억은 공간과 연동된다. 공간 배경과 함께 새겨지고 기억 속 공간의 특징이 다시 나타날 때 특정한 기억은 반짝거리게 된다.

순간적인 장면 하나에도 감동이 밀려들지만 공간에 대한 스토리텔링은 전후좌우 관계가 생기면서 상승과 고조와 클라이맥스까지 기대할 수 있다. 전후 관계가 생기면 시간의 힘이 작동하며 깊이가 생기고, 좌우 관계가 만들어지면 맥락이 생기고 폭이 넓어진다. 여행을 가서 딱 목적지로 직진하지 않고 주변을 어슬렁거리는 나의 습성은 바로 이 때문이다. 내 마음속에 전후좌우를 만들기 위함이다. 마음이 준비할 시간, 몸이 받아들일 여유를 가진다. 맥락을 파악함으로써 그 공간의 화룡점정을 만드는 의미를 더 느끼려 한다.

다음에서 두 공간의 스토리를 읽어보려 한다. 하나는 '통영 이야기'이고 다른 하나는 '강화 스토리'다. 서로 다른 이유 때문에 선

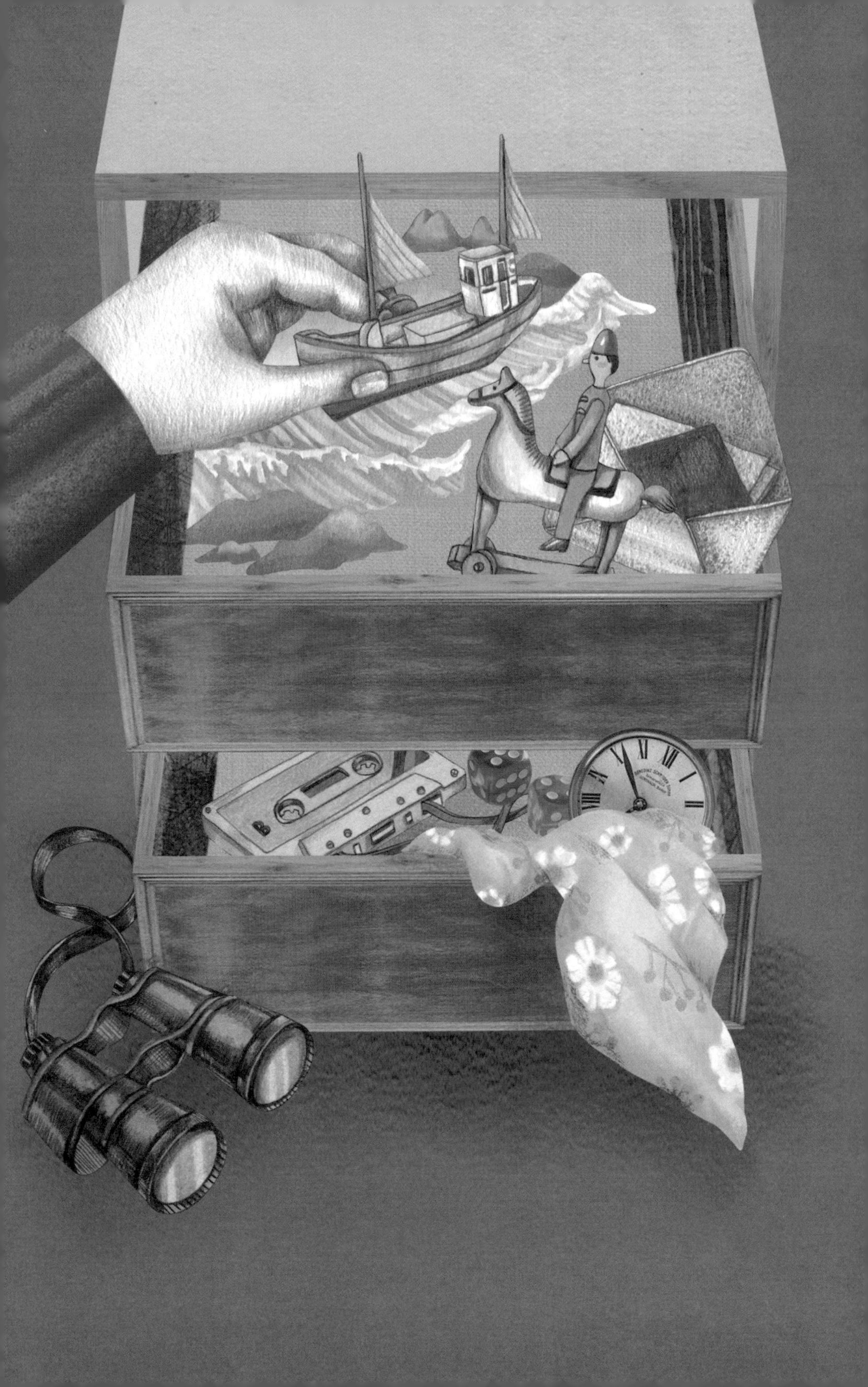

정했지만 또 같은 이유도 있다. 통영은 나에게뿐 아니라 수많은 사람에게 마음속 공간으로 존재하는 도시가 아닌가 싶다. 왜 그럴까? 왜 통영은 그렇게 수많은 사람들의 감정선을 건드릴까? 왜 통영은 사람들로 하여금 그 감정을 표현하게 만들까? 강화도는 익히 알려진 공간이고 자주 스쳐 지나가는 공간이기도 하다. 그러한 강화를 내가 최근 새삼 발견해서 자꾸 더 알게 되고 또 더 알고 싶어지는 공간이 되더니 그 안에 나의 이야기까지 투영하는 공간이 되었다. 강화의 힘일까, 스토리텔링에 대한 나의 갈망 때문일까?

통영 이야기:
사람들의 마음을 훔친 도시

우리 도시 중에서 스토리가 가장 강한 도시를 꼽으라면 아마도 통영이 아닐까 싶다. 물론 서울처럼 국가의 핵심 역사를 품에 안은 도시들이 대하소설 같은 스토리를 가지고 있는 것은 사실이다. 그러나 작은 도시라 해서 결코 스토리가 약한 것은 아니다. 오히려 작은 도시라서 스토리가 더욱 강렬하게 다가오기도 한다. 마치 짧은 단편소설 하나가 마음속을 휘저어놓듯이 말이다. 작은 도시에도 역사의 힘이 작용하며 기구하고 또 역동적인 스토리가 펼쳐지는 것이다. 스토리에 담긴 뜻을 발견하는 사람에게는 엄청난 느낌표로 다가온다. 통영이 바로 그런 도시다.

통영은 스토리가 왜 그리 강할까? 왜 통영에 반한 사람들이 그리 많을까? 왜 통영에 그리 많은 사연들이 있을까? 통영 특유의 감성은 왜 그리 섬세하고 다채로울까? 혹자는 자연의 아름다움을 꼽을지도 모르겠다. 한려수도閑麗水道 풍경만으로도 숨 막힐 정도로 아름다우니 말이다. 하지만 아름다움 그 이상의 것이 통영에 있다.

첫째, 통영에는 사람들이 있다. 통영을 마음에 담은 사람들이자 통영 이야기를 표현하고 전해준 사람들이다. 작곡가 윤이상, 소설가 박경리, 시인 백석, 화가 전혁림 그리고 이순신 장군, 노무현 대통령 등 태어난 사람, 자란 사람, 잠깐 들렀던 사람, 일하러 갔던 사람, 끌려서 자주 갔던 사람 등 가지각색이다.

윤이상은 어릴 적 바닷소리를 기억한다. 바다마다 파도 소리가 다를까? 음악인이기에 각별히 소리에 민감했던 걸까? 그가 기억하는 소리는 흥미롭다. 밤바다 고깃배에서 고기가 철벅이는 소리와 어부들의 노랫소리가 엉키는 소리란다. 아마도 그사이에 파도 소리와 노 젓는 소리와 갈매기 소리들이 섞였을지도 모르겠다. 어스름한 시간에 듣던 그 소리는 각별히 귀에 꽂혔을 것이다. 소리로 세상을 파악한다면 세상은 완전히 다르게 구성될지도 모르겠다. 윤이상은 그 소리를 다시 듣고 싶어 했지만 살아생전 끝내 고향 땅을 밟지 못했고, 2017년이 되어서야 그를 기리는 음악당이 있는 통영 바닷가에 몸을 누일 수 있었다.

내가 처음 통영의 존재를 알게 된 것은 박경리의 소설 『김약국의 딸들』로부터였다. 비극적인 도시의 분위기가 강렬했다. 1950년대가 배경인데도 다양한 문물들이 섞이는 모습이 인상적이었고, 마치 배가 도시 안으로 쑤욱 들어와 항상 거기에 있는 듯한 느낌이었고, 다섯 딸들의 비극과 함께 빠져나오고픈 처연한 도시라는 이미지가 강했다. 지금은 유명한 벽화마을이 된 산동네에 살았던 박경리 선생에게 통영이라는 도시가 어떻게 인식되었던지 막연히 짐작이 간다. 고향이란 돌아가고픈 공간일 뿐 아니라 떨치고 싶은 덫과 같은 공간도 되는 것이다. 그 비극적인 분위기가 통영이라는 도시에 깊이를 드리운다.

그러다가 시인 백석의 로맨스를 알게 됐다. 수많은 시인과 소설가를 배출한 통영에 조성된 '문학의 거리'에는 쟁쟁한 이름들이 넘쳐난다. 그 이름 중에 백석까지 있었다니? 한눈에 반한 첫사랑을 여러 번 찾아갔지만 결국 거절당했던 한 청년이 도시 한 귀퉁이 돌계단에 쪼그리고 앉아 시를 쓴다. 그랬음 직한 도시가 통영이다. 그의 시 한 구절처럼 통영은 "밤새껏 바다에서 뿡뿡 배가 울고, 자다가도 일어나 바다로 가고 싶은 곳이다". 바다는 통영의 가슴속에 있다. 마치 첫사랑처럼.

한산섬 수루에 올라 시를 읊던 이순신 장군은 통영의 아름다움에 대해서는 한마디도 없다. 마치 『난중일기』에서 일체의 감정을 배제하고 오직 행위만 써 내려감으로써 외려 더 통렬한 감정의 격동을 느끼게 하는 것과 비슷하다. 달 밝은 밤바다를 겪어본 사람들은 첫 구절 "한산섬 달 밝은 밤, 수루에 올라"라는 구절에서 벌써 감정을 이입한다. 바람 한 점 없이 평온한 밤이었을 것이다. 후일에 한산

대첩을 승리로 이끌었던 조류 관찰도 했을지 모른다. 적막함 속에서 멀리서 들려오는 '일성호가'가 긴장감을 조성한다. 이순신 장군이 이 시조를 한산섬에서 썼는지 한산섬을 바라보며 썼는지는 모르겠으나, 한산섬 수루의 달 밝은 밤이 만드는 긴장된 정조情調만큼은 고대로 전해진다.

노무현 대통령의 통영에 대한 마음은 화가 전혁림의 그림과 만난다. 통영의 풍경을 강렬한 코발트 색조로 그려냈던 전혁림 작가는 통영 바다에 가득한 배를 그리든, 한려수도에 점점이 떠 있는 수백 개의 섬을 그리든, 미륵산의 아찔한 존재감을 그리든 간에 과연 통영이 이렇게 밝았던가 싶도록 짙푸르게 통영을 표현한다. 노무현 대통령은 젊은 시절에 마음이 흔들릴 때면 통영 달아공원 언덕이나 미륵산을 향했다고 한다. "통영을 떠올리면 가슴이 뛴다"며 그때 바라보던 바다의 마음, 통영의 심상을 전혁림 작가의 그림에서 찾았다고 한다. (내가 옮기는 노무현 대통령의 말은 공적인 발언은 아니다. 우연히 한 만찬 테이블에서 청와대가 왜 전혁림 작가의 작품을 구매했는지 물은 것을 시작으로 꼬리에 꼬리를 물고 이어지던 대화 자리에서 귀담았던 말이다.)

둘째, 통영의 자연은 변화무쌍하다는 특징이 있다. 동해, 서해, 남해 모두 각기 특징이 있지만, 통영 바다는 바다 쪽으로 한껏 나와 있고 굽이치는 해안선과 크고 작은 수많은 섬들로 안바다와 바깥 바다의 성격이 확연히 다르다. 이 해안을 돌아서면 또 다른 어항이고 저 해안을 돌아서면 또 다른 어장이다. 통영의 변화무쌍한 바다는 다채로운 수산물을 의미한다. 자기 어장, 자기 배를 운영하는 비율이 가장 많은 데가 통영이고 물자 교류가 많은 만큼 객들도 많으니, 풍부한 해산물과 맛난 먹거리로 통영을 기억하는 사람들이 많은 것은 당연한 이치다.

셋째, 통영은 내공이 풍성해질 수밖에 없는 역사를 안고 있다. 통영의 역사는 16세기 말, 최초의 삼도수군통제영이 개설된 시점에 시작한다. 통영이라는 이름도 '통제영統制營'에서 따온 것으로 이순신 장군이 초대 삼도수군통제사로서 이곳에서 일했다. 군사도시로서 요충지가 된다는 것은 군대 운용에 따른 수많은 기능들이 같이 번성한다는 뜻이다. 해운 교통의 중심지, 교역의 중심지가 되면서 오고 가는 물자가 풍성해지고 특산물 생산도 많아진다. 통영에 국가가 지원하는 열두 공방이 들어왔고 나전칠기, 부채, 금속 장식 등 특산물 생산을 400여 년 이어온 것도 그런 연유다. 바로 이런 풍요로움 때문에 역설적으로 통영은 일제강점기에 수탈 기지가 되어버렸고 강제징용과 일본군위안부의 집결지가 되기도 하였다. 소설 『김약국의 딸들』에서 묘사되는, 풍요 속에서 사회와 개인의 비극이 교차하는 공간인 것이다. 아픔과 슬픔은 도시의 깊이를 더한다.

뭉뚱그리자면, 통영은 풍부한 역사와 문화, 드라마틱한 자연, 풍성한 물자와 흥미로운 인물 들이 어우러지며 스토리가 강한 도시가 된다. 그 안에는 영웅적인 서사도 있고 비극적인 이야기도 적지 않다. 무엇보다도 각자의 개인적 체험 때문에 통영을 마음속 공간으로 삼은 사람들이 무수하게 많다. 여기에 통영 이야기가 풍부해지는 비결이 있을 것이다.

솔직히 토로하자면 나 역시 개인적 체험 때문에 통영 이야기가 더욱 다가온다. "통영에서 연애하셨군요!" 〈김어준의 뉴스공장〉에서 통영 이야기를 할 때 공장장이 간파한 그대로다. 나에게도 통영은 연애와 얽혀 있다(다행히 백석과 같은 새드 엔딩은 아니다). 그러니, 나 역시 나의 이야기를 통영 이야기에 중첩시키게 되는 것이다.

강화 스토리:
내게 찾아든 도시

최근 내가 새삼 발견하고 있는 공간은 강화도다. 글을 쓰는 지금 일곱 번째 텃밭 시즌을 맞고 있다. 평생을 살아온 서울에서 숨은 보물들을 찾아다니는 것과는 다른 느낌이다. 서울 탐험이 지적 탐구의 성격이 강하다면, 강화 탐험은 뭔가를 주우러 다니는 '채집 여행' 같은 느낌이 든다. 서울은 규모도 크거니와 워낙 변화가 많고 또 빠르니 도시학도로서 배우고 연구하는 태도에 몰두하는 것이 아닌가 싶다. 강화에서는 내게 익숙한 전문가적인 태도를 벗어던지게 된다. 짧은 여행과 달리 마음이 바쁘지 않다. 오늘 못 보면 다음에 가면 된다. 꼭 가게 된다. 일종의 '스테이 여행'의 느낌이 찾아온다.

강화는 우연히 내 인생에 들어왔다. 노쇠한 어머님을 모실 겸 우리 가족의 은퇴 후 보금자리도 마련해볼 겸 궁리하다가 서울 근교를 택한 것이다. 한겨울을 제외하고는 대부분 주말을 강화에서 보낸다. 강화도는 많은 사람에게 그러한 것처럼 나에게도 그저 교외 여행지 중 하나였다. 장어구이의 맛을 알게 된 곳이고, 광성보의 아름다움에 놀랐던 곳이고, 섬을 점령해가는 펜션과 요양 시설에 눈길이 가던 곳이다.

지금 강화는 나에게 어떤 존재가 되었나? 끊임없이 이야기 주제를 던져주는 곳이 되었다. 그 심상을 이해하려는 공간이 되었다. 발로 꼭꼭 디뎌보는 공간이 되었다. 강화는 그리 드라마틱한 경관이라 할 수는 없다. 산이 높거나 계곡이 깊지도 않다. 드넓은 평야가 곳곳에 있지만 오직 지평선만 보이는 호남평야의 드라마틱한 장면과는 다르다. 바다가 있지만 숨 막힐 듯 드라마틱한 통영의 바다 풍경과도 다르다. 설핏 보면, 한반도 어디에나 있을 법한 고향집 풍경같이 평범하다. 무엇에 매혹될 수 있단 말인가?

처음으로 나를 매혹한 강화의 경관은 개펄이었다. 바다의 속살과도 같은 거친 개펄이 끝도 없이 펼쳐진다. 순식간에 물러나는 물과 마치 달려오듯 차오르는 물을 만날 때는 두려움마저 느껴질 정도다. 과학 이론으로 아는 것과 실제 체험으로 겪는 느낌은 남다르다. 드러난 개펄 속에 마치 실핏줄처럼 퍼지는 물길과 뽕뽕 사방에서 올라오는 숨구멍들을 보면서, 과연 생명체는 진흙 속에서 태어났음을 믿게 된다. 개펄 전체가 살아 있는 거대한 생명체로 느껴진다. 강화 개펄은 한반도에서뿐 아니라 세계적으로도 순위를 다툴 정도로 크기가 엄청나다.

강화의 힘을 새삼 느끼게 된 것은 강화 옛 지도를 만났을 때였다. 오늘날의 강화는 수많은 섬들 사이에 바다를 메워 만들어진 것이다. 무려 3분의 1이 바다였다. 하물며 마니산도 섬에 있던 산이었다. 왜 하필 마니산에 참성단이 생겼는지 상상되는 대목이다. 안개 사이로 산이 우뚝 서 있는 섬이 나타날 때 마치 판타지 영화 같지 않았을까? 이렇게 작은 섬에 어떻게 이리 높은 산이 있었을까? 통영 미륵산이 그 형태로 신비로운 기운을 뿜어내듯이 마니산에서도 영의 기운이 느껴진다.

강화에 쌓인 역사의 무게란 엄청나다. 무엇보다도 한때 한 나라의 수도였다. 13세기 초 고려 무신정권이 몽골군을 피해 39년 동안 머물렀던 피난 수도였던 것이다. 당시 주민 수가 6만이었는데 현재 강화군 주민 6만과 같으니 그 규모를 짐작할 만하다. 강화의 본격적인 간척 사업과 쌀농사는 바로 이때 시작되었고 많은 저수지들이 생긴 것도 그 때문이다. 해변을 따라 성벽을 쌓고 주요 지점에 보堡와 진鎭과 돈대墩臺를 지은 것도 이 시대부터다.

강화섬이 고려 왕조에 '피난처'였다면 조선 왕조에는 가장 애호하는 '귀양지'였다. 연산군, 광해군뿐 아니라 수많은 왕족의 귀양 역사가 쌓여 있고 그 후손들 중에는 '강화도령'이라 불렸던 철종이 나오기도 했다. 정권의 안위에 문제가 될 수 있는 인물들을 묶어두고 손쉽게 감시할 수 있는 절묘한 위치가 강화섬이었던 것이다. 바로 이 위치적 특성 때문에 강화는 철통같은 수비 지점이자 외세의 공략 지점이었다. 개화기에 강화는 처절한 전장의 현장이 되었고 병인양요, 신미양요 그리고 일본의 운요호사건과 뒤이은 강화도조약 등으로 수없이 많은 피가 흘려진 땅이다. 그런가 하면 휴전선이 강화 북쪽 바다에 쳐지면서 많은 개성 사람들이 강화도로 피난했지만 영영 돌아가지 못하고 정착해 살면서 강화의 독특한 말투를 만들어내기도 했다.

강화를 보면 언제나 '이방인'이 찾아왔던 터가 아닌가 싶다. 이 작은 섬에 왜 그리 고인돌 유적이 많을까? 피난 온 고려 왕족들, 귀양 온 조선 왕족들, 강화를 거쳐 간 중국 사신들, 강화에서 싸운 외국인들, 피난 온 북한 주민들, 강화에서 복무한 수많은 해병들, 주말에 찾아오는 관광객들 등 강화는 이방인들의 섬이고 이방인들은 그 무엇을 섬에 떨어뜨려놓는다.

주말 주민에 불과하지만 나는 강화에서 다양한 객들을 맞이한다. 해산물 요리와 풍광을 즐기는 일도 즐겁지만 역사 사건들을 논하기 좋아서 화제가 그치지 않는다. 미국 손님이 오면 신미양요의 흔적을 따라서, 프랑스 손님이 오면 병인양요의 전후를 따라서, 영국 손님이 오면 강화의 성공회 원형을 따라서, 동아시아 역사에 관심이 있는 손님이 오면 고려 왕조의 흔적을 따라서, 중국 손님이 오면 중국 사신의 행로를 따라서 다닌다. 귀양 왔던 사람들의 전후좌우 이야기, 북한 땅을 보겠다는 이산가족의 그 이후 이야기는 호기심을 자극한다. 평화로운 고향처럼 보이는 강화는 서울에 가까이 있다는 운명, 중국과 가깝다는 운명, 섬이라는 운명, 남북으로 갈라져 있는 한반도의 운명 때문에 그렇게도 복잡다단한 스토리를 품고 있다.

오늘의 강화는 어떤 이야기 주제를 던져줄까? 나에게는 엉뚱하게도 다음과 같은 주제들이 떠오른다. 강화는 도대체 섬인가, 육지인가? 이방인이 많이 찾아오는 강화의 심상은 어떤 것일까? 강화의 주인은 누구일까? 나와 같은 주말 주민은 주인일까, 손님일까? 강화의 주인과 손님은 어떤 관계일까? 여름 여행객과 겨울 여행객이 기대하는 바는 어떻게 다를까? 세계 각국의 스타일을 본떠 지어지는 집들에 머무는 사람들은 어떤 이야기를 안고 있을까? 개펄은 영원할까? 강화에 이야기를 남긴 사람들의 영혼들은 어디를 떠돌까? 강화의 수호신과 원혼 들은 어떤 얘기를 나눌까? 외국인들은 어디를 가장 흥미로워할까? 만약 남북한이 항구적인 평화 모드에 안착한다면 강화는 어떻게 바뀔까? 짧은 다리 하나를 건너 자동차를 몰고 개성에 가서 점심을 먹고 올 수도 있을까?

점을 이으면
스토리가 된다

내가 읽어내는 강화 스토리에는 내가 보낸 시간의 힘이 작용했을 것이다. 개펄이 드러나고 물에 잠기는 장면을 목격할 만큼 길게 시간을 보내지 못했더라면 개펄에 매혹되는 사건은 생기지 않았을지도 모른다. 강화 들판을 하염없이 걸어보지 않았더라면 바다를 메워 만든 지리적 특성에 감탄하는 사건은 일어나지 않았을지도 모른다. 여기저기 새로 지어지는 펜션과 별장, 그런가 하면 빈집이 속속 늘어나는 기존 마을들의 풍경을 시간에 따라 목격하지 않았더라면 강화에 어떤 사람들의 이야기가 펼쳐지고 있을까 하는 궁금증을 발동하지 못했을지도 모른다.

여행의 체험이란 '점'을 찍는 일이고, 하나의 점은 또 다른 점을 찍게 만든다. 구슬을 꿰면 목걸이가 되듯이 점을 이으면 스토리가 된다. 우리의 마음은 번득이는 방식으로 작동한다. 반짝반짝하는 순간이 나타나면서 호기심이 발동하고 그 배후를 이해하고 싶어진다. 정서가 움직이는 방식을 논리로 이해하고 싶어진다. 합리화일 수도 있고 조직화일 수도 있다. 여기에 쓴 통영 이야기와 강화 스토리는 어디까지나 나의 이야기다. 스토리가 얼마나 객관적인가는 그리 중요치 않다. 나의 이야기가 당신의 이야기와 겹치는 부분이 생기고, 많은 사람들의 이야기와 겹치게 되면 그것은 우리의 이야기가 될 가능성이 높아지는 것이다.

우리를 매혹시키는 것은 스토리이며, 많은 사람들이 자기 마음 속의 공간에 대하여 자기만의 이야기를 할수록 우리의 이야기는 더욱 풍성해질 것이다. 우리는 많은 공간들에 대해서 이야기를 시도할 수 있다. 이야기할 단서들이 아주 풍부한 공간도 있고, 이야기가 될 만하다고 보이지 않는 공간도 있을 것이다. 그러나 어느 곳에서나 사람의 상상력과 창의력이 작동한다. 누가 어떤 공간에 대해서 어떻게 이야기하느냐는 일종의 사건이다.

당신의 마음속 공간은 어디인가? 마음속 공간을 간직하고 있는 사람은 풍요롭다. 마음속 공간이 없는 사람은 없다는 게 나의 믿음이다. 만약 마땅한 공간이 떠오르지 않는다면 아직 그 공간에 대해서 이야기하지 않고 있기 때문일지도 모른다. 스스로 스토리텔링을 할 용기를 낸다면 가능성은 무궁무진하다. 이야기를 들을 사람들은 귀를 열고 있다. 이야기하는 사람이 필요할 뿐이다.

우리 공간들의 스토리는 무궁무진하게 발굴되어야 하고 무궁무진하게 만들어져야 하고 무궁무진하게 이어져야 한다. 얼마나 상상력을 발휘할 수 있느냐, 얼마나 창의성을 발휘하느냐는 온전히 우리들의 몫이다.

도시에 처음부터 스토리를 만들어 넣을 수 있을까?

이 대목에서 '도시에 처음부터 스토리를 만들어 넣을 수 있을까?'라는 질문이 떠오른다. 만약 도시에 스토리가 그리 중요하다면 아예 스토리텔링을 상정한 스토리메이킹story-making을 할 수 있는 것 아닌가? '플롯'을 짜고 '시나리오'를 쓰고 '에피소드'를 구상하고 '장면'을 연출하고 이왕이면 '이벤트'까지도 넣을 수 있는 것 아닐까? 이른바 도시 브랜드 시대, 관광 마케팅 시대, 공간 마케팅 시대라 불리는 작금에 나올 법한 질문이다.

"도시란 모쪼록 이야기가 되어야 한다"고 주장하는 나지만, 도시의 계획적인 스토리메이킹에 대해서는 반신반의한다. 이미지가 약한 도시들이나 관광 유치에 애쓰는 지방 도시들뿐 아니라 거의 모든 도시에서 이런 마케팅이 전개되는 이유는 선출직 단체장이 이를 정치적으로 활용하기 때문일 것이다. 임기 중 실적과 재선을 노리는 가장 눈에 띄는 활동 중 하나다. 반신半信하는 이유는, 실제로 어느 정도 효과를 거두기도 하기 때문이다. 특히 단기적인 효과가 생긴다. 그러나 반의半疑하는 이유는, 거의 모든 지방자치단체들이 마케팅을 벌이다 보니 이제는 효과도 떨어졌고 부작용도 생기기 때문이다. 마치 식당의 SNS 마케팅이 처음에는 효과가 있지만 나중에는 천편일률적인 메뉴들이 범람해 결국 관심이 식는 것과 비슷하다.

스토리메이킹이란 한정된 공간에서는 시도될 수 있다. 대표적으로 놀이동산, 판타지 랜드, 유원지, 리조트 호텔 등 이를테면 디즈니랜드 같은 공간이다. 모든 공간과 오브제, 이벤트가 특정한 스토리를 만들기 위해 존재하고 특정한 감동을 겨냥하여 연출된다. 사람들은 연출한 판타지임을 알면서도 기꺼이 속아주고 같이 즐거워해주고 같이 놀라주고 같이 감탄해준다. '레디메이드 스토리'를 즐김으로써 크게 힘들이지 않고 손쉽게 스토리를 받아들이는 것이다.

도시는 다르다. 도시란 일상이자 현장이고 배경이다. 도시는 컨트롤할 수 없는 수많은 변수로 작동되며 서로 영향을 준다. 관광은 일상이 될 수 없으며 여행 역시 일상이 되지는 못한다. 일상의 도시란 여행이나 관광에서는 결코 다루지 못하거나 다루지 않는 수많은 업무들, 자질구레하고 보잘것없어 보이는 일들, 지루하고 반복적인 행위들, 게다가 그 도시 사회의 구조적 문제들까지 껴안고 있는 존재다. 한마디로 도시의 디즈니랜드화는 가능하지도 않고 바람직하지도 않다.

도시에 처음부터 스토리를 넣으려는 의도는 어리석다. 다만 의도하지 않게 수많은 스토리들이 생길 가능성이 높은 도시란 분명히 있다. 스토리가 강한 도시가 될 가능성을 안고 있는 도시는 분명히 있다. 가끔 반성하건대, 현대의 도시계획은 스토리가 스스로 자라나는 도시를 만드는 능력을 잃어버리고 있는 게 아닌가 싶기도 하다. 그러나 나는 여전히 인간이 만드는 스토리는 도시보다 더 클 것이라 믿는다.

10년 후의

비무장지대

비무장지대만큼
엄청난 스토리를 가진 데가 있을까?

감동적인 판문점 남북정상회담 이후 들뜬 민심은 벌써부터 비무장지대로, 접경 지역으로, 북한 땅으로 그리고 그 너머 중국으로, 러시아로, 유럽으로 달려간다. 이렇게 행복한 심경으로 상상을 펼쳐본 적이 있었던가 싶을 정도다. 이번엔 뭔가 다르다. 진짜 이루어질 것 같다는 느낌 때문이다. 불과 얼마 전까지만 하더라도 벼랑 끝에 서 있던 상황을 뒤로하고 한반도의 평화가 전 세계적 사안이 된 현상, 남북정상회담에 이은 북미정상회담의 아슬아슬한 줄다리기, 각기 입장 차이는 있으나 주변 강대국도 하나같이 손을 얹고 있는 상황 등 천우의 기회다. 수많은 역경과 산전수전을 겪겠으나, 희망을 버릴 수는 없다.

현실화 가능성이 높은 상상을 펼칠 때 우리가 꼭 유념해야 할 점이 있다. 북한은 어엿이 주체가 작동하는 땅이라는 점, 비무장지대는 남북한뿐 아니라 온 세계의 힘과 기대감까지 작동하는 공간이라는 점이다. 지나치게 일방적이어서도 안 되고, 지나치게 실용적 관점으로 접근해서도 안 되며, 지나치게 낭만적 태도로 다가서는 것도 곤란하다.

개인적으로 북한에 절대 상륙하지 않았으면 하는 말이 '부동산'이라면, 비무장지대에 절대 상륙하지 않았으면 하는 말은 '공원'이다. '기념'이라는 말 대신에 '기억'이란 말이 자주 쓰였으면 좋겠다는 바람도 있다. '개발'이라는 말까지 아예 등장시키지 말라고는 않겠다. 남북 철도와 도로를 잇는 작업은 필요하니 말이다. 대신에 '최소 개발' 개념이 등장하면 좋겠다. '평화'라는 말은 저절로 우러날 개념일 것이다. 평화란 끝없이 노력해야만 지켜낼 수 있다는 진실을 마주하는 공간, 한 지역의 평화에 세계의 평화가 달려 있다는 진실을 새기는 공간이 되면 좋겠다.

비무장지대,
'공원'이라는 말이 등장하지 않으면 좋겠다

왜 비무장지대에 '공원'이란 말이 등장하는 것을 마땅치 않아 하는가? 공원이란 인간의 손, 인간의 존재를 상정한 개념이기 때문이다. 공원은 도시 속이면 모를까 자연 속에서 어울리는 말이 아니다.

그럼에도 불구하고 그동안 비무장지대에 대해서는 공원 계획안이 가장 자주 등장했다. 유일하게 노태우 대통령이 비무장지대 안에 '평화시市' 건설을 제안했으나(1988년) 공원 속 도시 개념에 가깝고 그 외에는 다 공원 계획안이다. 박근혜 대통령이 '세계평화공원'을 구상하며 스포츠 시설과 어린이 시설 등을 제안한 바 있고(2013년), 이명박 대통령 역시 인수위 시절부터 '생태평화공원'을 구상했으나(2007년) 계획에 그쳤다. 김영삼 대통령이 '자연공원화'를 제안했고(1994년) 노무현 대통령은 한반도 생태공동체와 백두대간 복원, 자연생태복원법 제정 등과 함께 '평화생태공원'을 제안했다(2007년). 문재인 대통령은 2019년 유엔총회 연설에서 비무장지대의 '국제평화지대'화를 제안하며 유엔기구를 유치하는 희망을 피력했다.

왜 '공원'이라는 말이 자주 등장했을까? 공원은 평화로워 보였고 자연스러워 보였고 많은 사람들이 사용할 테니 평화가 따라오리라는 전제가 작용했을 것이다. 무엇보다도 '분단'과 '대립'을 상정했기 때문에 마치 중립의 공간과도 같은 '공원'을 선호한 측면도 있었을 것이다. 그런데 남북관계가 완전히 달라질 미래에도 공원 개념을 주창해야 할까?

여기서 독일이 통일 후 지난 20여 년 동안 비무장지대를 탈바꿈한 '그뤼네스반트Grünes Band'를 떠올릴 만하다. 말뜻 그대로 '녹색띠'다. 우리의 폭 4킬로미터 비무장지대와 달리 200여 미터의 좁은 폭에 길이가 무려 다섯 배가 넘는 1400킬로미터다. 이 공간이 고스란히 자연의 한 부분이 되었다. '공원' 대신에 '푸른 숲'이다. 특히 그뤼네스반트 남쪽 부분이 속하는 튀링겐 지역에 복원된 숲을 보면 경이로울 정도다. 그 숲을 훼손할세라 나무 위를 떠다니는 공중 보행로를 만들었다. 그뤼네스반트에서 한결같이 강조하는 바는 사람 때문에 끊어진 자연의 힘을 다시 잇는 것이었다.

비무장지대라면 사람들은 마치 밀림과도 같은 무성한 숲을 연상하지만 결코 그렇지 않다. 미루나무를 자른 행위에서도 알 수 있듯이 시야를 가리는 큰 나무들은 다 없애버렸고 덤불과 관목들이 살아 있을 뿐이다. 게다가 우리의 비무장지대는 독일의 평원과 달리 많은 부분이 습지로 이루어져 있다. 습지와 야산과 평야와 산 들이 얽혀 있는 우리 비무장지대 속 독특한 자연의 힘을 다시 읽고 살려내는 일은 그 자체로 상당한 도전이다.

평화는 '기억'으로부터!

평화 시대의 비무장지대가 과거에 아무 일도 없었던 듯한 공간이 되는 것은 반대다. 대한민국은 너무 잘 잊는다. 아픈 기억이 많아서인지, 감추고 싶은 기억 때문인지 더욱 지우려 들고 완전히 새롭게 인위적 공간을 만들려는 성향이 있다. 개발주의도 이 맥락 속에서 더욱 기승을 부린다.

비무장지대가 얼마나 슬픈 공간이었는지, 얼마나 잔혹하고 치열한 공간이었는지 우리는 기억하고 또 기억해야 한다. 민족상잔의 비극뿐 아니라 체제 대결의 장이었고, 세계 강대국들의 패권이 부딪치며 이념 전쟁이 불붙었던 공간이었음을 기억해야 한다. 세계사의 한 장이 녹아 있는 그 과거를 기억할수록 현재의 다짐은 탄탄해질 것이고 세계 속에서 우리의 미래를 만드는 자긍심은 높아질 것이다.

독일 그뤼네스반트에는 철책이 있던 자리를 따라 자전거길을 만들어놓았다. 듬성듬성 박힌 벽돌 사이로 풀이 돋아 있는 공간을 걷거나 자전거로 달리면서 동·서독의 분단을 기억해보는 장치다. 우리는 무엇으로, 어떤 행위로 비무장지대를 기억할 것인가?

비무장지대의 3대 전쟁 요소라면 철책, 지뢰 그리고 초소다. 지뢰는 당연히 제거되어야 하고 철책은 마땅히 걷어지겠지만 제거한 지뢰와 철책으로 무엇을 하느냐는 온전히 우리의 상상력에 달려 있다. 남북한 초소들도 무작정 걷어내지 않으면 좋겠다. 지구의 마지막 GP guard post(감시 초소) 트레일이 어떤 의미로 세계인들에게 다가갈지 누가 알겠는가? 그뿐인가. 땅굴도 있고 격전지의 흔적도 있고 한국전쟁 이전의 흔적들도 있다. 하나하나 절대로 없어져서는 안 될 흔적들이다. 귀하게 여겨야 할 흔적들이다.

'최소 개발'로 '무한 성장'의 바탕이 될 비무장지대

비무장지대의 10년 후라는 제목으로 글을 썼지

만, 10년 후에 천지가 개벽한 듯 비무장지대가 바뀐다면 그게 더 큰 문제다. 10년이면 원칙을 세우고 보전의 틀을 세워서 남북이 합의하는 것만으로도 그리 길지 않은 시간이다. '최소 개발' 방식을 합의하는 것도 만만찮은 과제다. 철마는 달리겠으나 이 구간만큼은 갑자기 느리게 달려서 차별화할 수 있을지도 모른다. 도로를 최소한으로 딱 1차선만 만들어서 비무장지대에 사는 생명을 위협하지 않고 노루와 토끼와 멧돼지를 만날 수 있는 공간을 만들 수 있을지도 모른다.

비무장지대 이상으로 신경 써야 할 공간은 아마도 접경 지역일 것이다. 이미 부동산 열풍이 부는 현상에서도 드러나듯 남한의 접경 지역은 더욱 세심한 관리를 요한다. 설마 비무장지대 폭 4킬로미터 지역만 달랑 남겨두고 양쪽에 빽빽한 공간이 들어서는 일도 생길까? 벌써부터 초고층이 즐비한 경제자유구역, 뉴욕 맨해튼이나 싱가포르처럼 개발하자는 안도 등장하고 있는 실정이니 말이다. 남북한의 입장 차이도 있으니 지혜를 모아야 할 쟁점이 아닐 수 없다.

비무장지대만큼은 한반도에서 찾아보기 힘든 '숨 쉬는 공간, 인간보다 다른 생명들이 우선하는 공간, 느린 공간, 기억하는 공간, 생각하는 공간, 성찰하는 공간, 상상하는 공간'이 되기를 바란다. 얼마나 더 크고 새로운 성장을 약속하는 공간이 될 것인가? 상상만으로도 설렌다!

콘셉트 7

코딩과 디코딩:
공간에 숨은 함의

차이·차별·혐오·부정·인정·긍정·친절·배려

□ ◆ ○ ✧

"아름다움에 대한 우리의 감각과
좋은 삶의 본질에 대한 우리의 이해는 서로 얽혀 있다."

– 알랭 드 보통, 『행복의 건축』

'도시 이야기' 코너에서 진행자와 패널 사이에 긴장감이 팽팽하던 순간이 있었다. '남자 화장실'을 주제로 삼았을 때다. 나는 단도직입적으로 문제를 제기했다. "남자 화장실의 여러 문제들이 소변기로부터 비롯한다. 아예 스탠딩 소변기를 없애면 어떤가?" 2회에 걸쳐서 이 주제를 얘기하는 동안 김어준 공장장은 '남자와 여자는 다르다. 본능을 억제하려 들지 말자!'라고 정리하려 한 반면, 나는 공간을 사용하는 데에 '관습과 훈련, 본능과 습관'이 미치는 영향에 대해 생각의 여지를 남겨두고자 애썼다.

문자 폭탄이 쏟아졌다. 방송이 끝나고도 장외에서 수천 개의 SNS 메시지를 받았고 수백 통의 이메일을 받았다. 반응은 극과 극이었다. "꼭 필요하다, 계속해서 이런 주제를 제기해달라!"는 의견이 있는가 하면, "말도 안 된다, 잘못된 페미니스트 관점이다"라며

나를 낙인찍으려는 반응도 적지 않았다. 성별을 가리지 않고 극과 극의 반응이 나타난 것을 보면 이 주제가 얼마나 민감한지, 또 평소에 얼마나 물밑에 가라앉아 있는 이슈인지 알 만하다.

솔직히는 문제를 제기한 내가 오히려 놀랐다. 청취자들이 전해주는 일련의 에피소드들을 들으며 웃음도 터져 나왔다. 나는 '앉싸(양변기에 앉아서 소변보기)'와 '서싸(양변기에 서서 소변보기)'가 그리 싸움거리가 되는지 몰랐다. 두 단어가 그토록 널리 쓰이는지도 모르고 있었다. 집뿐 아니라 직장에서도 '뒷말거리'였다는 것도 알았다. 그나마 우리 집에서는 평화가 나름 정착하고 있었음을 알게 된 계기이기도 했다. 엄마들이 아이들을 키우며 얼마나 속을 끓이는지 새삼 알게 되기도 했다. '앉싸'를 잘하던 서너 살 아이가 유아원에 다니면서 '서싸'를 고집하게 되는 현상에 한숨을 쉬게 된단다. 본능과 습관을 두고 얼마나 많은 논쟁이 일어나고 있는지, 남녀가 같이 산다는 게 쉬운 일이 아님을 새삼 깨달았다. 상당한 남자들이 이러한 문제제기 자체를 '모욕적'으로 받아들인다는 사실도 알게 됐다(내가 받았던 반응을 보면 반반이다). 단순하게 청결과 청소의 기준으로만 볼 수 없는 복잡 미묘한 심리가 작동하고 있는 것이다.

일상에서 갈등이 번지는 방식은 그렇게 다채롭다. 엔간히 넘어갈 수도 있고, 찜찜함이 남아 있을 수도 있고, 도저히 못 참아서 충돌이 일어날 수도 있다. 냄새, 소리, 시각, 접촉, 위생, 누가 치우느냐, 누가 참느냐, 누가 위협을 느끼느냐 등 갈등의 소지는 곳곳에 있다. 많은 경우 사소한 것에서 시작하고 눈덩이처럼 굴러서 갈등이 커진다.

갈등을 인식하고 또 해소하는 데에는 "처지가 다르구나!", "다르게 생각할 수 있구나!" 하는 태도를 갖느냐 아니냐가 크게 작용할 것이다. "말도 안 돼!"라는 사람들이 많다면 갈등으로 치닫겠지만, "그렇게 볼 수 있겠네" 또는 "그렇게 볼 수 있을지도 모르겠네" 정도만이라도 하는 사람들이 많아진다면 문제를 해소하는 방향으로 넘어가리라 기대할 수 있다. 현실의 변화는 천천히 일어나고, 우리 생각의 변화는 더 천천히 진행되기 때문이다.

코딩과
디코딩

공중화장실의 경우는 모든 사람들이 일상적으로 쓰면서 나름 관찰도 하고 불쾌감도 겪으면서 저마다 자신의 의견을 가지는 사안이지만 또 의외로 발설하지 않게 되는 사안이기도 하다. 그 순간만 어떻게 넘기면 된다고 생각하고, 지극히 개인적인 체험에 속하는 것이라 여기기 때문에 공개적으로 불편함을 제기하지 않는 것이다. 하지만 많은 사람들이 그렇게 느낀다면, 더 나아가 불편함을 호소한다면 변화는 기어코 일어날 것이다.

이런 사안들은 우리 주변에 널려 있다. 사적 공간은 나름 자신에게 맞게 고쳐 쓸 수 있지만 공적 공간이 되면 얘기가 달라진다. 자신이 어떻게 할 수 없는 공간이라는 속성 때문에 사람들은 적극적이기보다는 방어적이 되기 쉽다. 고칠 수 없다고 생각하는 무기력감 때문에 사소한 것이라 해도 심리적으로는 더 영향을 받는다. 어색함, 당혹감, 불쾌함, 불안감, 이상함 등의 느낌을 받게 된다.

우리는 별생각 없이 도시 속 여러 공간을 쓰는 것 같지만, 알게 모르게 머릿속에서 계속 판단을 내리며 행동하기 마련이다. '이 동네, 이 거리, 이 가게, 이 건물은 내가 들어가도 괜찮은 덴가? 여기 앉아도 되나? 여기 쓰레기를 버려도 되나? 이렇게 써도 되나?' 등 익명의 사람들이 모여 사는 도시에서 다른 사람과의 관계에 신경 쓰면서 나름의 행동 코드를 정하는 것이다.

사람이 만드는 모든 공간과 물체에는 그 어떤 사회적, 경제적, 정치적, 문화적, 심리적 함의가 들어 있다. '차이, 차별, 구분, 분리, 소외, 안전, 배려, 친절, 불친절, 편견, 인정, 부정, 초대, 거부 등'의 메시지가 녹아 있는 것이다. 공간을 만드는 사람들은 의도적으로 특정한 함의를 코딩coding하는가 하면, 공간을 사용하는 사람들은 그 함의를 디코딩decoding하면서 공간을 쓰기 마련이다. 1장에서 제기했던 '도시의 익명성'은 도시 곳곳에, 알게 모르게 모든 공간과 물체에 녹아 있는 것이다. 서로 모르는 사람들의 행위를 조율함으로써 조금 더 편하게, 조금 더 조화롭게 만들려는 함의들이다.

과연 우리는 이 함의들을 제대로 디코딩하고 있나? 혹시 속절없이 조종당하고 있거나 조종하려 들지는 않는가? 코딩된 함의들은 과연 건강한 건가? 좋은 함의를 코딩한 공간이란 어떤 공간일까? 쓰는 사람들의 자율성을 높여줄 수 있도록 최소한의 코딩을 하려면 어떻게 해야 할까? 이 주제 하나만으로도 책 한 권을 너끈히 쓸 만큼 넓고 또 흥미로운 주제다. 여기서는 몇 가지 예만 소개해본다.

벤치 하나에 담긴 의미

벤치는 앉는 행위를 위한 것이다. 도시에서 잠시 쉬라는 공간이다. 드러눕지는 말라는 공간이다. 등받이가 있는 벤치도, 등받이가 없는 벤치도 목적은 분명하다. 평상平床의 전통을 가진 우리 사회에서 사실 벤치는 그리 익숙한 문화는 아니다. 평상은 여러 사람들이 둘러앉기를 전제로 하는 사교 공간인 반면, 벤치는 홀로 또는 친밀한 두 사람이 나란히 앉는 것을 전제하는데 우리 문화에서는 좀 쑥스럽다고나 할까? 하지만 영화나 드라마의 영향 때문인지, 벤치에 홀로 앉은 사람을 보면 괜히 감상적이 되고, 어깨를 포개고 나란히 앉은 두 사람을 보면 그냥 사랑스러워지는 것이 사람 마음이다.

'어떤 벤치를 어디에 어떻게 놓느냐?'는 도시에서 꽤 기본적인 의사 결정 사안이다. '벤치를 놓을 것이냐 말 것이냐?'는 더욱 근본적인 사안이다. 유럽 도시에 가서 확연히 다르다고 느끼는 것 중 하나는 아마도 여기저기에 벤치가 많다는 것일 게다. 중국이나 동남아 도시에서도 벤치를 많이 발견하여 의외라 여길 수 있다. 벤치가 있

다는 것은 걷는 사람을 배려한다는 뜻이고 보행로가 넓다는 뜻이다. 사회주의 도시계획의 영향을 받은 중국 도시에는 공원도 많고 보행로도 넓다. 동남아 도시의 경우는 유럽제국 강점기의 도시계획과 사회주의의 영향을 고루 받아서 그럴지도 모르겠다.

우리 도시, 그리고 경험하건대 일본 도시와 미국 도시에서는 공원 외에 길에서 벤치를 발견하기가 쉽지 않다. 자본주의 도시라는 증거이자 자동차 우선 도시라는 증거다. 보행로에 충분한 공간을 할애하지 않는다. 걷는 사람은 '어쩌다 행인'이거나 유효한 쇼핑객으로만 본다는 증좌다. 광장처럼 사람들이 많은 데에는 벤치가 적고 공원처럼 사람들이 별로 없는 데에는 벤치가 많은데, 그건 어떤 의미일까? 예컨대 서울광장이나 광화문광장에 벤치가 없는 것은 어떤 의미일까?

'벤치' 하면 떠오르는 고전적인 이미지가 있다. 등받이와 앉음판이 마치 하나의 곡선을 그리는 듯하고 금속 팔걸이는 덩굴처럼 뻗은 벤치다. 이런 고전적인 벤치는 이제 여간해선 보기 힘들다. 팔걸이도 등받이도 없는 직선 모양의 벤치가 대세다. 일부러 불편하게 만들기도 한다. 머물지 말고 빨리 떠나라는 뜻이니, 무슨 패스트푸드점 같다. 드러눕지 못하도록 앉음판에 돌출 구분을 만들어놓은 벤치도 대세가 되었다. 노숙자나 공중 예의 없는 사람들이 드러눕지 못하게 하는 장치다. 아주 효과적이라고 한다. 그런데 야박하긴 야박하다. 게다가 눕지 말라는 장애물이 있는 벤치치고 아름답게 디자인된 경우를 보지 못했다.

"이름 모를 누구를 위해 앉을 자리 하나 마련해보았느냐?" 딱히 벤치를 놓느냐 마느냐가 아니라 이 질문이 더 맞을지도 모르겠다. 모든 정류장에는 앉을 데가 있어야 한다. 모든 가게 앞에는 앉을 데가 있으면 좋다. 이왕이면 모든 건물 앞에는 앉을 데가 있는 편이 좋다. 모든 건물 벽에는 앉을 데와 기댈 데가 있는 편이 좋을 것이다. 내 생각에 반대할 사람들이 많을 것임을 알면서도, 마음으로는 공감하나 비현실적이라고 얘기할 사람들이 많으리라 짐작하면서도, 꿋꿋이 얘기해본다.

모든 공간이 사유화되고 상업화되는 이 시대에 그나마 앉을 데 하나로 '초대받은 느낌'을 줄 수 있다면 도시가 주는 그보다 더 좋은 선물이 어디 있겠는가? '초대받은 느낌'보다도 더 좋은 게 '초대하는 느낌'이다. 작은 계단, 작은 단과 벽 하나, 소박한 벤치 하나, 소박한 의자 하나로 공간은 완전히 새로운 메시지를 준다. 내가 강아지들과 자주 가는 한강 변 외진 산책길 끝에는 꽤 너른 풀밭에 등받이 벤치 하나가 딱 있다. 서울이라는 이 큰 도시가 갑자기 평화롭게 느껴지는 장면이다.

이순신 동상 vs.
평화의 소녀상

인물 동상이 우리 도시에 들어온 역사는 아주

짧다. 100년도 채 안됐다. 일제강점기에 도입되어 거부감이 컸고 이어진 독재 정권하에서 도처에 퍼진 데다가 북한 도시에서 엄청난 크기로 세워졌던지라 솔직히 동상에 대한 우리의 이미지란 그리 좋지 않다. 서구 도시와 완전히 다른 점 중 하나다. 서구 도시에서는 신화 속 캐릭터, 권력자, 위인, 예술가의 동상을 광장에 세우고 건물 벽에 새기고 지붕 위에 올리며 이야기를 이어가는 전통이 뿌리 깊다.

그동안 우리 현대 도시들에 수많은 조형물이 세워졌지만 그리 성공적이진 않은 것 같다. 건축물 미술작품 제도(1만 제곱미터 이상의 건물을 신축 또는 증축할 때 건축비의 1퍼센트 이하를 미술작품 설치에 쓰도록 한 법. 1995년부터 의무화함)에 의거해서 만들어진 많은 조형물들이 일명 '문패 조각'이라는 조롱 섞인 비판을 받기도 한다. 만드는 역량이 문제인지 받아들이는 문화의 문제인지 고민해볼 일이다. 인물 동상의 경우에는 더욱더 성공 사례가 드물다. 상투적이고 권위주의적인 냄새를 그리 달가워하지 않는 것이다.

그중 누구나 인정하는 두 성공 사례가 있다. 하나는 광화문 네거리에 있는 '이순신 동상', 다른 하나는 일본 대사관 앞에 있는 '평화의 소녀상'이다. 두 동상은 도시 조형물의 관점에서 완벽히 다른 태도를 보여줌으로써 시사하는 바가 크다.

이순신 동상은 박정희 정권이 1968년에 만든 전형적인 '기념상'이다. 숭상과 추앙이 목적이다. 독재 정권의 정통성을 합리화하기 위해서 성웅 이순신의 이미지를 빌려왔음은 누구나 안다. 충남 아산 현충사 확충과 광화문 이순신 동상 건립이 같은 시기에 추진되었다. 이순신 동상에 대해서는 상당한 비판도 있었다. "권위주의 정권의 권위주의적 동상이 북한의 그것들과 뭐가 다른가?"(당시 박정희 동상을 세운다는 발상은 감히 하지 못했다. 박근혜 정부 말기에 '박정희대통령기념사업회'가 광화문광장에 박정희 동상을 건립하겠다는 계획을 추진한 바 있다.), "수많은 이승만 동상이 4.19혁명 때 끌어내려지고 파괴되었던 상황을 기억하라!", "광화문 네거리에 높이 우뚝 서 있는 모습이 너무 위압적이고 군국주의적이다.", "장군의 갑옷이나 큰 칼의 위치 그리고 칼을 잡은 손 등이 역사를 왜곡하고 있다.", "친일 작가(조각가 김세중)의 작품이다.", "이순신 장군의 얼굴을 작가의 얼굴에서 따왔다." 등 여러 비판이 있었다.

그럼에도 불구하고 이순신 동상은 시간의 무게가 얹어지면서 서서히 시민들의 가슴에 새겨졌다. 비유하자면, 넬슨 동상이 없는 런던의 트래펄가광장이 상상이 안 되듯이 이순신 동상이 없는 광화문 네거리를 상상하기 어려워진 것이다. 광화문광장을 본격 조성하며 이순신 동상 주변에 분수 공간이 생긴 후로 주변에서 뛰노는 어린이들의 모습과 어우러져서 이순신 동상은 훨씬 더 친근해졌다. "이순신 동상 앞에서 만나!" 사람들이 만날 약속을 하는 조각이 된다면 그 조각상은 완전 성공이라는 등식이 적용된 예다.

일본 대사관 앞 '평화의 소녀상'은 이순신 동상과 완전히 대척점에 있다. 올려다보는 조각이 아니라 시선을 내리게 하는 조각이고, 바라보는 조각이 아니라 다가서는 조각이며, 기세를 압도하는 조각이 아니라 추울까 봐 모자와 머플러를 씌워주고 싶어지는 조각이다. 이순신 동상이 전통적인 오브제 조각이라면 평화의 소녀상은 공간을 만들어내는 조각이다. 이순신 동상이 공간 한가운데 우뚝 서 있다면, 평화의 소녀상은 일본 대사관 앞 길가에 앉아 있고 그 옆에 빈 의자 하나가 있어 소녀와 나란히 그 공간에 앉을 수도 있다. 이러한 공간감은 평화의 소녀상이 여느 다른 조각과 무척 다른 점이다. 소녀의 어깨에 앉아 있는 작은 새 그리고 소녀의 할머니 모습의 그림자가 이 조각상에 깊은 시간감까지 드리워주고 있다. 한마디로 평화의 소녀상은 기존 조각의 틀을 완전히 깨버린 동상이다.

두 동상은 만들어진 방식도 다르다. 이순신 동상은 정부의 전폭적인 지원을 받는 단체가 만들었다면 평화의 소녀상은 한 시민 단체가 자발적으로 만든 것이다. 일본에 위안부 사과를 요구하는 '수요집회' 1000회를 맞아 2011년 시민 단체인 한국정신대문제대책협의회가 주최하고 김서경·김운성 부부 작가의 공동 작업으로 만들어졌다. 잘 알려져 있다시피 일본은 평화의 소녀상 원본에 대한 철거 요구뿐 아니라, 전 세계의 도시에 소녀상이 만들어지거나 전시되는 것을 집요하게 방해하고 있다. 여리고 상처받은 이 작은 소녀상이 전달하는 이미지란 그렇게 강렬하다. 사람들의 마음을 흔들고 깊은 슬픔을 자아낸다.

우리 도시에서 조각들은 제대로 대접받지도 못했고 흉물 취급을 당하기도 했다. 이념 대립으로 얽힌 사회에서 무엇을 표상하는 인물이냐에 대한 논쟁도 그치지 않는다. 그만큼 인물 동상을 세우는 일은 신중하고 또 신중해야 한다. 그 와중에 모든 시민에게 상징으로 자리 잡은 두 조각상은 새로운 가능성을 열어준다. 지금도 여러 곳에서 정치인, 아이돌, 위인 들을 모티브로 조형물을 만든다. 한 가지만 유념했으면 한다. 바라보는 조형물이 아니라 같은 공간 안에서 옆에 설 수 있는 이미지를 만들어내야 성공적인 인물 동상 만들기의 첫 단추를 꿸 수 있을 것이다. 일단은 지나치게 높이 올리지 말고 눈높이 조각이 되면 좋겠다. 오브제로만 보지 말고 공간을 만들라. 사람들이 공간 안으로 들어서고 오가며 자신이 조각의 일부가 된 듯 느껴지게 하는 게 좋다. 사람들이 쉽게 다가서는 조형물이 될 때, 우리 도시의 동상들이 비로소 성공했다고 할 수 있을 터이다.

길바닥에 새겨진 의미:
아래를 보라!

환경 도시로 유명한 독일 프라이부르크에는 태양광과 신재생 에너지 외에도 또 한 가지 주목할 만한 것이 있다. 바로 도시의 바닥, 포장이다. 중세 시대부터 주변 강가에 있는 조약돌을 사용해서 포장을 하는데, 자갈돌을 얇게 썰어서 바닥에 박아 넣는 방식이다. 석재는 성당이나 관청, 귀족 동네에서 주로 쓰니 귀하고 값도 비싸서 일종의 묘책을 만든 것이다. 작은 돌을 박아놓으니 패턴도 만들 수 있어서 급기야 모자이크가 출현하고 문양이 나타나기 시작했다. 이슬람 건축에서 성취한 극도로 정교한 모자이크까지는 아니더라도, 소박하고 또 단아하게 새겨 넣은 모자이크들이다. 집집마다 대문 바로 앞에 고유의 문장을 새겨 넣는 방식이 전통이 되었고 시청 앞, 명문가 대문 앞, 각종 상점 입구 앞 바닥에도 문장이 새겨져 있어서 어디를 가든 문장을 보면 지금 내가 어디에 있는지 알 수 있다. 특히 상점가의 문양은 동물, 채소, 과일, 술, 책 등 상품을 소재로 디자인해서 '아, 이 가게는 이런 물건을 파는구나!' 하고 금방 알 수 있다.

길바닥을 장식한 문양들을 보는 재미도 쏠쏠한데, 길을 걷다 보면 갑자기 발에 툭 걸리는 게 있다. '슈톨퍼슈타인Stolperstein'이다. 독일어 뜻 그대로 '걸림돌'이다. 가로세로 각각 10센티미터의 작은 황동 판에 글자가 빼곡하게 새겨져 있다. 이름, 생년월일, 추방 연도 또는 사망 연도. 나치의 광기에 희생되었던 사람들이 살았던, 숨었던, 체포되었던, 죽임을 당했던 바로 그 장소를 기억하며 만들어놓은 장치다. 독일 쾰른에서 1992년 한 조각가가 만들기 시작한 슈톨퍼슈타인이 전 독일에 퍼지고 또 전 유럽에 퍼져서 이제는 7만여 개에 이른다. 잊지 않겠다는 '걸림돌'이 하늘의 별처럼 유럽 도시들에 뿌려져 있는 것이다.

인간이 만든 건축물이나 조형물은 위를 보게 만든다. 사람들이 대체로 위를 보는 습관에 착안했을 테고, 올려다보는 행위에 담겨 있는 '우러러봄'의 의미를 이용하고 싶어서일 것이다. 반면 사람들이 잘 보지 않는 바닥에 의미를 새겨 넣는 행위는 완전히 다른 의도를 품고 있다. 바닥이라는 자체가 겸허함을 갖게 한다. 눈길을 아래로 향함으로써 자신의 뿌리, 존재 이유, 마음속을 들여다보게 만든다. '흙에서 나서 흙으로 돌아간다'는 소멸의 명제를 환기시키기도 한다. 눈을 아래로 내리깔면서, 발바닥으로 디뎌보고 무릎으로 땅바닥을 기어보고 손바닥으로 더듬어보면서, 우리의 마음은 낮은 곳으로 향한다.

포장에 이런 장치를 만들 수 있다는 것은 도시 인프라가 아주 튼튼하다는 뜻이기도 하다. 잦은 공사로 수시로 뜯었다 덮었다를 반복한다면 아무리 의미 있는 장치라도 남아나지 않을 것이다. 사실 바닥이야말로 가장 튼튼해야 할 도시의 인프라다. 땅 밑에 상수도와 하수도, 가스와 전기선과 통신선을 품고 도시 문명의 바탕을 이루고 있으니 말이다. 바탕이 든든할수록 도시의 지속성이 높아진다.

우리 도시도 의미를 땅바닥에 새기는 쪽으로 접근 방법을 바꾼다면 훨씬 더 다양한 기록을 남길 수 있을 것이다. 조각이나 조형물이 때로 너무 거창하게 세워지고 시비나 표지석, 안내판이 엉거주춤한 크기로 돌출되어 거추장스러운 경우가 많으니 대안을 궁리할 법도 하다. 도시의 공간을 절약하고 무엇보다도 도시인들의 쫓기는 마음을 가라앉혀 줄 것이다. 수많은 역사적 사건들이 일어났던 공간에서 사람들이 바닥을 보며 뭔가를 찾는 모습을 기대할 수도 있지 않을까? 바닥은 '의외의 발견' 장소이기에 훨씬 더 감을 동하게 할 수 있다.

가로수 두 줄 아래 서면

'도시 이야기' 코너에서 '대구의 나무 심기'를 다룬 적이 있다. '대프리카'라 불릴 만큼 뜨거운 대구에서 20여 년 동안 꾸준하게 나무를 심어온 정책을 소개하는 내용이었다. 실제 도심의 온도가 2~3도 내려갔다고 한다. 칭찬을 받아서 너무 좋다는 대구 시민들의 메시지를 받았는데, 정말 칭찬할 일이다. 여름철 도시의 열섬 현상은 심각하다. 에어컨 시설이 늘수록 도시 환경은 나빠지는 악순환이 가속된다. 계절에 따라 미세먼지 문제까지 더해지니 도시의 환경 문제가 교통, 주택 문제 이상으로 주목받는 시대가 되었다.

도시의 미세 기후 조율에는 식물만 한 게 없다. 식물을 심는다는 것은 딱딱한 포장이 아니라 흙으로 덮인 면적이 늘어난다는 뜻이고 도시살이에 적응한 곤충과 새 들이 살 수 있는 환경이 된다는 뜻이다. 습도 조절이 된다는 뜻이며, 산소가 많아지고 이산화탄소가 줄어든다는 뜻이다. 그늘이 생기고 나뭇잎들의 공기정화 기능이 발동한다는 뜻이기도 하다. 한 그루 나무를 볼 때마다 우리는 이 척박한 도시 환경에서 살아남은 장한 모습에 박수를 보내며 고마워해야 한다.

가로수 한 줄은커녕 나무 한 그루 그늘조차 없는 길이 많다. 가로수 키가 커지고 이파리가 무성해지면 나무가 간판을 가린다고 민원을 넣기도 하고 일부러 가로수를 말려 죽이는 불법행위를 저지르기도 한다. 나무 한 그루 심기 어려울 만큼 좁은 골목길들도 많다. 이런 각박한 도시 조건에 나무와 식물을 들여놓기 위해서 묘안을 짜낼 법하다. 빽빽한 유럽 도시의 골목길에선 발코니들이 성행하며 식물들을 키웠다. 우리 골목길에서는 대문 앞이나 대문 위에 갖은 화분들을 내어놓고 식물들을 키웠다. 가끔 길이 넓어지는 곳에 나무 한 그루나마 심는 건, '동구 밖 느티나무'의 추억 때문일 것이다. 푸르름이 가득한 농촌에서도 일부러 아름드리 느티나무를 심은 이유가 있는 것이다. 나무 그늘은 만남의 공간을 만들어준다.

이왕이면 가로수 두 줄을 꿈꿔보자. 가로수 두 줄이 되면 길은 백팔십도 달라진다. 나무 사이로 걷는 완벽한 여유를 맛볼 수 있다. 물론 가로수 두 줄은 넓은 보행로를 전제한다. 마로니에 나무 두 줄이 늘어서 있는 그 유명한 샹젤리제 거리처럼 말이다. 아름드리나무가 서로 얽힐까 봐 재단까지 해놓은 두 줄 나무 밑에서 파리 시민, 또 세계 시민들이 도시적 삶을 긍정하게 될 것이다. 우리 도시에서는 가로수 두 줄을 경험하기 쉽지 않다. 가끔 신개발지에서 찾아볼 수 있는데 의외로 행인이 드문 길이다. 담벼락을 세우지 않은 아파트 단지와 붙어 있는 보행로에 심은 가로수와 아파트 단지 변 큰 나무가 자연스럽게 두 줄 가로수 길이 되기도 하는데, 기분 좋은 산책길이 된다.

가장 기분 좋은 길은 폭이 그리 넓지 않은 길(12~20미터 폭)에 양쪽의 가로수가 손을 맞댈 듯 서 있는 길이다. 대도시의 넓은 간선

도로에서는 보기 어렵지만 지방 도시에는 이런 길들이 꽤 남아 있다. 아쉬운 점은 그 가로수 밑으로 다니는 것이 주로 자동차라는 점이다. 몇몇 길은 가끔씩 보행 전용으로 사용할 궁리를 할 수 있지 않을까? 중국과 동남아시아 도시들에서 이런 길들을 자주 발견하는데, 아주 부럽다. 전통 모습이 남아 있는 쇼핑 거리인데 도로 가운데 쪽으로 성큼 나와 있는 가로수들, 새까만 나뭇가지와 하늘하늘한 나무 그늘(나무 종류는 다르지만 회화나무처럼 이파리들이 연하다)이 아름다운 길들이다. 빽빽하고 울창한 가로수 길로 유명한 파리의 샹젤리제나 바르셀로나의 라 람블라와는 사뭇 다른 느낌이다.

가로수 논의는 궁극적으로 '도시의 숲'으로 전개될 수 있다. 앞장에서 비무장지대의 미래 용도에서 '공원'이라는 말을 빼자는 주장을 했는데, 숲을 전제로 공간을 생각하자는 뜻이다. 공원으로 생각을 시작하면 잔디밭이나 광장 그리고 여러 시설을 먼저 상정하고 나무는 부수적이 되지만, 숲으로 시작하면 모든 생각이 나무에 집중되고 숲이 어떻게 자랄지, 물을 어떻게 배치할지, 어떤 생태계가 될지, 숲 사이사이에 무엇을 놓아야 숲의 삶을 방해하지 않을지 궁리하게 된다. 도시의 환경 측면에서 공원보다는 숲이 훨씬 더 효과적이다. 보기 좋은 잔디밭보다는 공기를 깨끗하게 만드는 나무들이 월등히 효과적이다. 특히 대도시들은 대구처럼 나무 한 그루라도 더 심기 위한 땅을 찾아낼 필요가 있다. 꼭 공원처럼 큰 땅이 아니더라도 잊힌 또는 버려진 작은 땅을 찾아 한 그루라도 더 심어야 한다.

'공공'의 뜻, '문화'의 뜻

이 장에서 예로 든 공간들은 다 공공 공간이다. '사이 공간'이기도 하다. 건물과 길 사이, 길과 길 사이, 건물과 건물 사이, 땅과 하늘 사이, 도시와 자연 사이, 물론 인간과 인간 사이에 있는 공간들이다. 우리는 빽빽한 도시에서 도통 공간이 없다고 투덜대지만 조금만 둘러보면 사이 공간들은 수없이 많다. 도시적 삶에 넉넉한 공간감을 드리우려면 사이 공간에 주목할 필요가 있다. 사유 공간들은 오픈될 수 없으니 공공 공간이 더 자유롭게 열리게 해야 한다.

'공공公共'이라는 단어의 뜻은 아주 멋지다. 영어로 하면 'public(公)'과 'sharing(共)'을 합한 개념이다. 그러니까 모두에게 나눈다는 뜻이다. 영어의 '퍼블릭 스페이스public space'라는 말보다 훨씬 더 근사한 개념을 녹여낸 말이 '공공 공간'이다. 공공 공간이 넉넉해질수록 문화가 피어난다. '문화文化'의 뜻을 다시 새겨본다. 말이 되고 글이 된다는 뜻, 바로 이야기가 된다는 뜻 아니겠는가?

다시 화장실 주제로 돌아가보자. 실제로 스탠딩 소변기만이 아니라 아예 남녀 구분을 없애는 화장실이 있다. 대표적인 곳이 집이다. 남녀 가리지 않고 같은 공간을 쓴다. 호텔 객실에서도 남녀 구분이 없음은 물론이다. 갈등과 신뢰 속에 같이 나누어 쓰는 공간이 된다. 작은 카페나 비행기처럼 공간을 절약할 필요성이 있고 안전 관리를 제대로 하는 시설에서도 화장실은 같이 쓰는 공간이 된다.

익명의 사람들이 쓰는 공중화장실에서는 절대 불가능한 일일까? 사실은 이미 그런 공중화장실을 쓰고 있는 사회가 있다. 대표적으로 스웨덴은 10여 년 전부터 모든 공중화장실을 '모두가 쓰는 화장실('성 중립 화장실'이라는 이름으로 시작했다)'로 쓰고 있다. 양성평등과 성소수자 배려가 자리 잡은 복지사회이기에 가능한 것일까?

우리 사회에서는 불가능할까? 물론 쉽지는 않다. 당장 장애인 화장실에 남녀 구분을 해달라는 요구가 있을 뿐 아니라 공간이 부족해서 궁여지책으로 쓰고 있는 공용 화장실의 불편함을 토로하는 민원도 많다. 여성들이 겪고 있는 몰카와 성범죄에 대한 두려움도 무시할 수 없고, 화장실을 쓰는 방식에도 차이가 있다. 예전보다 화장실 공간에 꽤 투자하는 분위기지만 공간을 마련하는 게 쉬운 문제도 아니다. 그러니 무턱대고 스탠딩 소변기를 없애라고 할 수는 없는 일이다.

하지만 고민은 하고 다른 입장은 들어볼 일이다. 적어도 여러 고민이 만나는 지점이 생긴다면 그것은 또 다른 변화를 위한 한 걸음일 수도 있다. '차이는 존재한다. 세상이란 수많은 차이로 풍성해진다. 차별은 바보짓이다. 세상은 수많은 차별로 불행해진다.' 이런 명제에 많은 사람이 동의하면서 서로의 입장에 귀 기울여주기를 바란다. 〈김어준의 뉴스공장〉에서 화장실 주제는 그 후 다시 못 꺼냈다. 이 글을 쓰고 나니 다시 한번 꺼낼 용기도 생긴다.

3부

머니 게임의 공간

ㅇ

도시를 유지하고 활기차게 만드는 힘은 단연 돈이지만,
머니 게임의 광풍에 휩쓸리기는 싫다.
땅 짚고 헤엄치기, 돈 놓고 돈 먹기,
사냥과 약탈은 더욱 싫다.
부정 · 부패 · 비리 · 부실 · 부당 이익과 같은
'ㅂ자 돌림병'은 더더욱 싫다.
돈의 힘을 부정하지 않으면서도,
도시에 담을 치고 성을 쌓지 않으면서도,
우리는 충분히 도시적 삶을 누릴 수 있다.

콘셉트 8

욕망과 탐욕: 나도 머니 게임의 공범인가?

아파트 공화국·단지 공화국

□ ◇ ● ✧

"아파트는 과거를 등진, 철저하게 새로운 사회의 출현과 연결됐다.
이는 결국 '탈피하다'라는 표현이 암시하는 대로 '껍질을 벗은' 사회였다."

– 발레리 줄레조, 『아파트 공화국』

"아파트 시대가 끝나기는커녕 좀 더 그악한 아파트 단지 공화국이
되어갈 것이다. 도시 공공 공간 환경에 대한 대폭적인 공공투자가 없다면,
그래서 지금과 같은 취약한 도시 환경 상황이 지속된다면 말이다."

– 박인석, 『아파트 한국사회』

우리 모두가 비판하면서도 또 누구도 비판에서 자유롭지 못한 주제가 있다. 바로 '물욕物慾'이다. 권력욕, 명예욕과 더불어 인간이 벗어날 수 없는 세 가지 사회적 욕망 중 하나다. 물욕 자체를 욕할 필요는 전혀 없다. 이 시대의 도시를 유지시키고 활기차게 만드는 힘은 단연 '돈'이고, 돈을 돌게 만들고 가치를 높이는 힘이 바로 물욕이다. 살기 위해서, 잘살기 위해서, 더 잘살기 위해서 돈이 필요하고 기본 생활을 유지하기 위해서, 계층 사다리를 올라가기 위해서 또한 미끄러지지 않기 위해서도 돈이 필요하다.

사람들이 도시로 몰려드는 첫째 이유가 돈과 관련이 있다. 일자리를 구하려고, 창업하려고, 교육 기회를 얻으려고, 부동산 열기에 올라타려고, 큰 시장과 우수 인력을 확보하려고, 높은 수준의 소비를 즐기려고 등 돈에 얽힌 기회를 찾아서 사람들은 도시로 모여든다. 도시의 경제 활력이 유지되는 이유이자, 한번 그 활력이 꺼지면 도통 다시 복원하기 어려운 이유이기도 하다.

도시에 살아보면 도시의 삶에 활력이 가득하다는 것을 알게 된다. 다양하게 놀기 좋고 가지각색 사람도 만날 수 있다. 교통 혼잡을 불평하고 공기 오염을 탓하고 교육 광풍을 비판하고 높은 물가와 집값 때문에 한탄하고 각박한 삶에 불만을 토하지만, 도시가 주는 여러 경제적 기회와 다양한 소비의 유혹으로부터 누구든 자유롭기는 어렵다. 농촌이나 소도시의 느린 삶을 그리워하며 도시로부터의 탈출을 꿈꾸기도 하지만, 인생의 활기찬 시기에 도시살이를 선호하는 것은 이 시대 사람들의 운명이기조차 하다. 돈이란 삶을 영위하는 데 필수불가결한 에너지이자 마치 강력한 자기장처럼 인간의 활동을 끌어들이고 증폭시키기 때문이다.

그래서 도시는 '머니 게임'의 핵심 공간이 된다. 이 현상은 욕망에 대한 우리의 태도에 대하여 꼬리에 꼬리를 무는 질문을 낳는다. 욕망이란 나쁘기만 한가? 어디까지가 건강한 욕망이며 어디부터가 잘못된 탐욕인가? 욕망이 불가피하다면 도시란 얼마나 많은 이들의 욕망을 충족시킬 수 있을까? 탐욕이 파국으로 치달을 위험이 크다면 사회는 어느 정도로 또 어떤 방식으로 탐욕을 제어할 수 있는가? 과연 도시에 그런 능력이 있는가?

우리 사회가 벌이는 머니 게임 중 그 대상으로서 가장 두드러지는 것이 '아파트'다. 부동산의 핵심 변수가 되었고 수많은 사람이 거주하고 소유하고 또 욕망하는 것이니, 모든 사람이 이 부동산 머니 게임 속 플레이어가 되어버린 형국이다. 아파트를 가지지 못해 힘들고, 가지고 있어도 힘들고, 사지 못해 힘들고, 팔지 못해 힘들고, 그렇게 힘들어도 여전히 소유욕 자체를 지울 수는 없는 딜레마적 상황이다. 이 딜레마는 과연 필연일까?

아파트 공화국,
최고의 히트 상품

아파트는 대한민국 최고의 히트 상품이라 해도 무방하다. 국민적 재테크 상품이 되어서만은 아니다. 그 어느 것도 아파트만큼 우리들의 삶을 바꾸지는 못했다.

우선 물량으로 압도한다. 대한민국 사람들의 60퍼센트 이상이 아파트에서 산다. 2016년에 드디어 1000만 호를 넘어섰다. 통계청 자료에 따르면 2018년 우리나라 전체 주택 수는 1763만 호이며 그중 아파트는 1082만 호다. 불과 반세기 동안 지은 양이다. 1970년대 초 서울에 한강맨션과 반포주공아파트 같은 꽤 큰 규모의 단지가 들어설 때만 하더라도 아파트는 생경한 문화였다. 그전에 지었던 시민 아파트와 공영 아파트는 주로 저소득층 주택으로 인식되었으나 이들의 등장으로 단지도 크고 평형도 큰 중산층 아파트가 새로운 이미지로 자리 잡았다. '과연 아파트가 살 만한 주택인가'에 관한 논쟁이 있었지만, 강남 개발이 본격적으로 펼쳐지면서 압구정, 잠실 등으로 아파트 공급이 확대되더니 어느새 서울 전역에 아파트가 우후죽순으로 솟아오르기 시작했다. 이후 너도나도 할 것 없이 아파트로 이사하는 열풍이 불어닥쳤다.

'아파트 공화국'이란 말을 본격적으로 쓴 사람은 프랑스 지리학자, 발레리 줄레조다. 자신의 박사 학위 논문을 보완해 우리나라에서 『아파트 공화국』이란 제목의 책으로 냈다. 프랑스 사람인 그가 한국의 아파트를 연구 대상으로 삼은 이유는 한국의 압도적 첫인상을 나란히 늘어선 고층 아파트에서 받았거니와, 대단찮아 보이는 그 아파트들이 그렇게 인기가 좋을 뿐 아니라(프랑스에서는 고층 아파트의 삶을 탐탁잖게 여기는 편이다) 값이 그리 비싸다는 게 너무 신기하고 이상해 보여서였다고 한다. 국토 전체를 집어삼킬 듯이 들어서는 고층 아파트들을 보고 아파트 공화국을 떠올리지 않는 게 이상할 정도이긴 하다. 줄레조 교수가 연구하던 1990년대에 벌써 이런 진단을 내렸는데, 그 이후 전개된 초고층·초고가 아파트 현상을 본다면 어떤 진단을 내릴까?

줄레조 교수가 한국의 아파트를 연구하던 시절에 그와 교류를 했는데, 이방인의 시각이 신선하기도 했고 또 솔직히 말하자면 불편하기도 했다. 물론 우리나라에서 아파트라는 말 자체가 다중적인 의미를 가진 지는 오래다. '집'이라는 말을 대체하는 단어가 되었고, 계층 차별과 부정부패와 같은 부정적 이미지가 겹쳐지기도 하고, 부동산 거품과 합해져 재산과 상품으로서의 이미지가 강한 말이 되어 버렸다. 공화국이라는 단어는 원래 좋은 정치체제를 표방하는 말임에도 불구하고 우리 사회에서는 독재정권의 기억 때문에 그리 좋은 뜻으로 쓰이진 않는데, 그의 표현에 따라 '아파트'와 '공화국'을 붙여놓으니 뭔가 전체주의적이고 권위주의적인 냄새를 풍기는 듯 느껴지는 것이다.

아파트 공화국이라는 말이 그리 유쾌하지 않다 하더라도, 아파트 자체에 문제가 있을 리야 없다. 아파트는 단독주택이 아닌 모여 사는 공동주택을 표현하는 우리 식의 어휘다. 나라마다 나름의 공동주택 방식이 있고 그 이름도 다르다. 아파트라는 말은 프랑스어 '아파르트망appartement'에서 유래하여 일본을 통해 우리에게 전해졌다. 그런데 일본에서 아파트란 상대적으로 규모가 작은 3~5층의 단일 건물의 공동주택을 가리키고, 우리 식의 아파트에는 주로 '맨션'이라는 말을 붙인다. 우리도 처음 아파트를 도입했을 때는 맨션이라고 부르다가 1972년 제정한 주택건설촉진법에서 아파트로 칭하면서 본격적으로 아파트라는 말을 썼다.

아파트살이의 장점은 무척 많다. 사는 사람 입장에서 편리하고, 공동으로 관리하니 관리비도 덜 들고, 집을 비워도 크게 걱정 안 하고, 시설 관리와 쓰레기 처리 등 생활 서비스가 다양하게 제공되고, 인터넷 등 첨단 기술이 가장 먼저 적용되고, 배달과 택배 서비스를 받기도 편하고, 어린이 놀이터가 법적으로 보장되고, 인근에 상가도 발달하니 쇼핑하기도 편하다. 공급자 입장에서는 고밀 개발로 평균 공사비를 줄일 수 있고 마케팅을 통해 분양 홍보를 하기도 좋다. 한 번 살고 싶은 욕망에 불이 붙으면 활활 타오르게 되어 있다. 아파트 공급 초기에 나타났던 거부감은 불과 10여 년 만에 자취를 감추었다.

물론 아파트가 이렇게 히트 상품이 된 것은 살고 싶은 욕망만이 아니라 '사고 싶은 욕망'을 부추겼기 때문이다. 사면 오른다는 기대가 항상 있었거니와 품귀 상품이어서 청약 시장이 불타오르고 분양 시장은 과열되었다. 최근에는 지역에 따라 미분양 문제가 심각하기도 하지만 아파트 중흥 시대에는 과열한 분양 시장 풍경이 단골 뉴스거리였다. 아파트 공급자로서는 '땅 짚고 헤엄치는 상품'이었다. 우리 사회 특유의 사전분양 제도로 땅만 확보하면 나머지 비용은 손쉽게 조달할 수 있으니 땅 짚고 헤엄치는 아파트 사업에 건설업체라면 너도나도 뛰어들었다.

더구나 아파트는 팔기도 쉬웠다. 이른바 환금성이 좋다는 것인데, 팔기 쉽고 사기 쉬우니까 옮기기도 쉬워서, 우리 사회에 평균 3년에 한 번 꼴로 이사하는 패턴을 만든 주된 변수가 됐다. 어디든지 아파트촌 앞에는 부동산 업소들이 즐비하게 들어섰다.

아파트는 대도시나 신도시에서만 지어진 게 아니었다. 지방 소도시에도, 작은 읍 단위 전원에도, 농지 바로 옆에도, 산 중턱에도, 바닷가에도 어김없이 지어졌다. 대한민국의 도시 풍경, 사람 풍경에서 빠질 수 없게 된 것이 바로 아파트다. 너무도 익숙한 그 모습, 없으면 오히려 허전함까지 느끼게 만드는 아파트는 도시 풍경을 압도한다. 아파트 역사 반세기, 국민의 반 이상이 살고 있을 뿐 아니라, 이제는 아파트에서 태어나고 자라서 가족을 꾸리며 일생을 아파트에서만 사는 '아파트 세대'가 대세가 될 것이다.

아파트 자체를 특정 계층과 연결할 이유는 없다. 아파트에는 모든 계층이 산다고 해도 과언이 아니기 때문이다. 호화의 극치를 달리는 초고가 아파트가 있는가 하면 중산층이 사는 대중적 아파트도 있고, 상대적으로 소득이 낮은 층이 사는 저가 아파트도 있다. 임대 아파트의 경우에도 민간 임대부터 공공 임대까지, 여러 계층의 사람들이 산다. 다만 특정한 위치의 특정한 '단지'에 연결될 때 아파트 계층 문제가 불거져 나온다.

단지 공화국,
아파트가 아니라 단지가 문제다

'단지 공화국'이란 말을 본격적으로 쓴 사람은 건축학자 박인석 교수다. 그는 자신의 책 『아파트 한국사회: 단지 공화국에 갇힌 도시와 일상』에서 아파트 자체가 문제가 아니라 단지, 특히 대규모 단지를 만드는 경제구조와 주택 유통 구조가 문제라는 논지를 조목조목 펼쳐냈다. 아파트 단지가 점점 대형화하는 추세고, 그런 대단지들이 마치 공룡처럼, 또 성채처럼 우뚝 서서 도시 곳곳을 점령해간다. 담벼락을 치고 게이트를 달고 공공의 길의 흐름을 끊고 단지 주민들 외에는 출입을 규제하고 자신들의 성을 지키려 든다. 대단지를 만드는 관습이 도시를 망치고 시민들의 도시적 삶을 망친다는 것이 박인석 교수의 문제의식이다.

나 역시 '아파트 공화국'보다는 '단지 공화국'이라는 말이 우리 사회의 문제를 더 정확하게 드러낸다고 생각한다. 아파트는 세계 어디에나 있는 공동주택의 방식이다. 가령 다세대주택, 다가구주택이라고 이름을 붙이지만 이 역시 공동주택이라는 점에서 아파트와 다를 바 없다. 연립주택이나 빌라도 마찬가지다. 실제로 이들의 평면 구성은 아파트와 별반 다르지 않고, 건설 수준이 발전함에 따라 부엌, 욕실 등의 편익 시설은 물론 보안, 난방설비 수준도 크게 차이나지 않는다. 유일하게 다른 것이라면 모여 있는 규모뿐이다.

'대단지는 왜 생기는가? 왜 대단지를 선호하는가? 대단지의 심리는 무엇인가? 대단지의 문제는 어떤 것인가?' 이런 질문에 대해서 사실 우리 사회는 별로 생각하지 않는다. 대단지를 그냥 당연한 사실로 받아들인다. 그런데 그대로 받아들여야만 할까? 앞으로도 이대로 가야 할까? 도시라는 관점에서 진지하게 고민해봐야 한다.

대단지는 왜 생기는가? 대단지 선호 현상 때문에 생겼을까, 대단지가 많아서 선호하게 된 걸까? 닭이 먼저인가 달걀이 먼저인가 같은 의문이지만, 애당초 대단지로 공급된 아파트가 많았던 것이 첫 단추였을 것이다. 사람들의 머릿속에 심어진 이미지란 그냥 아파트가 아니라 '단지형 아파트'였다. 아예 법에 단지형을 아파트라 명시하면서 시작된 것이다. 주차장, 유치원, 상가 등을 의무 설치해야 하는 부대시설로 삼아놓았으니 일정 규모 이상을 상정한 것이다. 그렇게 만들어진 이미지는 계속 퍼지면서 아파트를 대표하는 이미지로 자리 잡는다.

대단지 선호 현상은 부동산 유통 시장이 부추긴다. "500세대 이상 대단지가 되어야 집값이 떨어지지 않고 환금성이 좋다"는 부동산 전문가들의 조언을 귀가 따갑도록 들었을 것이다. 현실의 데이터가 그것을 뒷받침하니 솔깃할 만도 하다. 거래 빈도가 높으니 부동산 업체들이 다루기 좋아하고, 분양 수익성이 좋으니 개발 업체도 선호한다. 주민들도 밑질 게 없다. 살 때는 값이 더 높더라도 집값이 더 오르리라는 기대와 임대 수익을 내기 쉬울 거라는 기대감이 그 비용을 충당하고도 남는다.

단지 개발 위주의 제도와 계획은 1970년대 아파트가 대중화되던 시대부터 끈질기게, 전폭적으로, 무차별하게 펼쳐졌다. 공공 재정이 부족했던 관으로서는 쉽게 도시 개발을 추진할 수 있는 방식이었다. 재정을 투입하지 않고도 도로, 학교, 공원 등 공공시설을 확보할 수 있었으니 말이다. 신시가지 조성(서울 잠실, 송파, 상계 등), 신도시 계획(수도권과 대도시권), 택지 개발 사업(용인 등 대도시 주변), 지방 도시의 신도심 사업(시청 이전, 혁신도시로의 공공기관 이전 등) 등 모든 신규 개발이 아파트 단지를 기본 전제로 계획되었다.

1980년대에는 도시재개발법(1976년 제정)에 따라 재개발이 확산되었는데 기존 동네를 밀어내고 아파트 단지로 개발하는 것을 전제로 했다. 중동 건설 경기가 하강하자 이미 커져버린 건설업체에 먹거리를 주려던 의도와 딱 맞아떨어졌다. 이후에는 기존 아파트를 재건축하는 제도(주택건설촉진법 개정, 1987년)가 도입되었고 기존 단독주택지 토지 소유주들이 모여서 아파트를 짓는 방식까지 포함하게 되었다. 이런 추세는 21세기 초 이명박 서울시장의 '뉴타운' 사업에 와서 정점을 찍었다. 싹쓸이 도시 재개발·재건축 광풍을 불러일으켰기 때문이다. 도시 및 주거환경정비법(2002년 제정)에 이어 도시재정비 촉진을 위한 특별법(2005년 제정)이 법제화되면서 뉴타운 사업은 서울뿐 아니라 전국을 휩쓸었고, 그 후폭풍은 지금도 여러 지역에서 계속되고 있다.

대단지,
'닫힌 공동체'의 집단 심리

그렇다면 대단지에 사는 사람들의 심리는 어떤 것일까? 박인석 교수는 '오아시스'라는 표현을 썼다. 사막 같은 삭막한 도시로부터 도피해서 쉴 수 있는 우리들만의 오아시스로 여긴다는 것이다. 그럼직하다. 나로서는 '성城'이라 쓰고 싶다. 도시의 위협적인 익명성으로부터 도피하여 우리들끼리 안전하게 살 수 있는 성 안으로 들어가고 싶은 심리인 것이다. 아파트 단지에 담벼락을 치는 것도, 게이트를 두어 관리하는 것도, 조경을 잘 가꾸는 것도, 경비원을 두는 것도, 곳곳에 CCTV를 설치하는 것도 모두 이런 심리를 보강한다. 안전하고 아늑한 오아시스를 성채 안에 만들고 싶은 것이다.

요즘 아파트 단지는 건설사가 공기업이든 민간 대기업이든, 하

임옥상, 〈꽃-입〉의 일부, 2010

나같이 브랜드 네이밍을 하는 게 특색이라면 특색이다. 아파트보다 브랜드 이름이 먼저 눈에 뜨일 정도로 광고판 역할을 하기도 한다. 주로 외국어로 이름을 붙이는 게 유행인데, 하다 하다 아예 성이라고 이름 붙인 브랜드까지 생겼다. 하기는 드라마 제목마저 〈스카이캐슬〉일 정도다.

아파트 단지는 개인주의 성향일까, 집단주의 성향일까? 현대인은 개인주의 성향이 강해서 아파트를 선호한다는 해석도 있으나, 아파트 단지 선호 현상은 개인주의 때문이라기보다는 오히려 집단에 대한 소속감을 선호하기 때문이라는 해석이 더 유효하다. 이웃끼리 알고 지내는 공동체는 아니더라도 적어도 서로 어떤 사람인지 쉽게 파악할 수 있는 '끼리끼리 공동체'에 대한 믿음이 작용하는 것이다. 비슷한 평형끼리 모아놓는 것도, 한 동에 대개 같은 평수를 모아놓는 것도 이 연장선상에 있다.

이런 집단 소속감은 자칫 집단 심리로 전개되어 집단행동까지 나타나기 쉽다. 부정적인 사례도 많다. 집값과 전세가 담합은 말할 것도 없고, 님비NIMBY 현상으로 나타나는 집단행동, 단지 내 관리에서 생기는 비리 등이 그것이다. 더 나아가면, 뉴스에 자주 오르내리듯 단지 내에서 임대주택을 구분하겠답시고 담을 치고 출입문을 따로 두는 비상식적인 일도 일어난다. 일부 몰상식한 주민들 때문이겠으나 경비원을 향한 갑질 문제도 발생한다. 나누고 가르고 차별하는 계층 심리가 알게 모르게 작동하는 것이다.

아파트 단지 역시 엄연히 집단 사회인지라 집단의식이나 집단

행동이 생기지 않을 수 없다. 집단행동에 적극 동조하거나 수동적인 동의를 하는 현상도 생기고 집단행동에 반대하는 일에 눈치를 보기도 한다. 마치 예전에 마을 공동체 안에서 입방아에 오르내릴까 눈치를 보듯, 아파트 단지 내에서도 유사한 닫힌 공동체의 문제가 생기는 것이다. 아파트 단지를 '아파트촌村'이라고 부르는데, 희한하게 잘 만든 말이다. 마을 촌村, 친밀하고 정겨운 마을 공동체의 느낌을 담고자 쓴 어휘겠지만 마을 공동체의 부정적 측면이 될 수 있는 닫힘 또는 구분의 분위기를 담고 있는 말이 아파트촌이 아닌가 싶다.

아파트 단지가 도시에 미치는 악영향

그렇다면 도시 차원에서는 아파트 단지가 어떤 문제를 일으킬까? 사회 심리가 아니라 기능적인 측면만 따져보더라도 여러 문제들이 있다.

첫째, 길이 없어진다. 정확히 말하면 길이 줄어든다. 길이 차지하는 면적은 비슷할지 몰라도 길이로 보면 3분의 1이나 4분의 1로 줄어든다. 재개발을 생각하면 금방 이해가 될 것이다. 동네를 실핏줄처럼 엮던 골목길들이 모두 단지 안에 포함되어버리고 단지를 에워싸는 큰 도로만 생기는 것이다. 요즘은 통으로 지하 주차장만 만드는 것이 대세라서 아예 아파트 단지 내에는 비상시 소방도로만 만들고 나머지는 다 보행로다. 이 보행로는 주변 동네 사람들에게 쉽게 오픈되지 않는다. 이러다 보니 동네에 아파트 단지가 들어서면 길이 뚝 끊겨서 돌아가야 하는 경우가 흔히 생긴다. 찻길이 줄어드니 좋지 않냐고? 오히려 자동차들이 고루 흩어지지 못해서 자주 병목현상이 생긴다. 길이란 순환이 잘되게 하는 게 생명인데 그게 제대로 안되게 만드는 것이다. 사람들이 통행하는 흐름 역시 끊긴다. 단지 속 오아시스는 주변 동네와 단절함으로써 만들어진다.

둘째, 스트리트 라이프street life가 사라진다. 길이 줄어듦으로써 생기는 가장 큰 부작용이다. 일단 길거리 가게들이 줄어들고 건물 내에 집합 상가가 생긴다. 사람들이 덜 걸어 다니면서 길의 가장 큰 기능인, 익명의 사람들의 존재를 확인할 기회가 확 줄어든다. 만약 도시가 단지로만 구성된다면 얼마나 재미없는 도시가 될 것인가? 게다가 대단지에는 동네 가게들이 아니라 프랜차이즈 상점들이 들어올 확률이 높다. 골목 경제가 줄어들고 동네 일자리가 줄어드는 건 자연스레 뒤따르는 현상이다.

셋째, 이것은 아파트 공통의 문제인데, 오직 주거로 한정되는 단일 용도라서 변화에 대응하는 융통성이 부족해진다. 아파트는 법적으로 주거 용도로만 써야 하고, 한 가구가 쓰는 것을 상정하고 만들어진다. 두 가구 이상이 쓰기는 어려운 구성이다. 작은 주택이 리모델링으로 쉽게 다가구주택으로 바뀌고, 사무실이나 레스토랑, 카페, 미술관 등으로 변신하는 것과는 완전히 다르다. 오피스텔만 하더라도 기능적으로 주거와 사무실을 오갈 수 있다. 그런데 아파트는 주상복합이라 하더라도 주거 부분과 상가 부분이 엄밀하게 나눠진다. 상상해보라. 단독주택보다 훨씬 더 큰 아파트들이 즐비하건만 한 집에 오직 한 가구만 살고, 낮에는 한 사람만 남아 있거나 아무도 없고, 주차장도 낮에는 텅 비어 있다. 일반 동네에서 주차장 공유를 장려해도 아파트촌에서 주차장 공유를 권하는 것을 본 적이 없다. 하물며 주상복합 건물에서도 상가 방문객 주차 공간이 모자라도 아파트 주민이 사용하는 주차 공간을 공유할 수는 없다.

도시에는 끊임없이 다양한 기능들이 생기고 그에 따라 새로운 공간들이 생겼다 사라졌다를 반복하기 마련인데, 아파트는 그런 융통성이 전혀 없다는 점에서 비생산적이다. 우리의 아파트를 다용도로 쓰게 할 수 있을까? 쉽지 않다. 가끔 에어비앤비나 셰어하우스(가족이 아닌 사람들이 모여 사는 집)로 쓰이는 아파트가 생길 때 나타나는 주민 불만에서도 알 수 있다. 아파트 단지의 경직성은 도시 활력에 필요한 유연성과는 상극이다.

넷째, 한번 대단지 개발이 일어나면 그 파급력이 워낙 커서 시장을 교란한다. 동네 재개발이나 아파트 재건축을 추진하는 지역에서 몇천 채 주택이 한꺼번에 없어졌다, 새로 생겼다 할 때마다 주변 동네는 물론 주택 시장 전체가 몸살을 앓는다. 전세가 폭등과 폭락은 물론 학교와 상가 들도 타격을 받고 아파트 분양에도 영향을 미친다. 이래서 한꺼번에 재개발, 재건축을 허가해주기가 어려운 것이다. 이명박 시장의 뉴타운 사업은 이런 시한폭탄을 무시하고 사업지구 지정을 남발하여 부동산 시장을 불안하게 만들었다. 이 문제는 지금도 계속된다. 아파트 단지 개발이 일찍 시작된 서울에서는 벌써 폭탄이 터지기 시작했고, 늦게 시작한 다른 도시들도 마찬가지 문제를 겪을 것이다. 만약 재건축 연한을 풀어준다면 어떤 문제가 생기겠는가? 만약 1기 신도시(분당, 일산, 산본, 평촌, 중동)에 재건축 광풍이 몰아친다면 어떤 폭탄이 터지겠는가?

기능적인 측면에서 지적한 문제들이 아파트 단지의 닫힌 공동체의 심리와 얽히게 되면 또 다른 사회적인 문제들을 악화시키게 된다. 몇 가지 더 지적하자면 다음과 같다.

다섯째, 아파트 단지는 사는 집의 계급성을 적나라하게 드러낸다. 어느 지역의 어느 단지냐뿐 아니라, 어느 브랜드냐, 어느 동이냐, 평수는 얼마냐, 소유냐 임대냐, 민간 임대냐 공공 임대냐가 고대로 드러나는 것이다. 좋은 의미의 소셜 믹스social mix는커녕, 계층적 구분과 선 긋기가 지나치게 공공연하게 보인다. 일반 주택 동네에서는 앞뒤로 아래위층으로 섞여 살고, 임대와 소유가 섞이고, 무엇보다도 밖에서 볼 때 어떤 집에 사는지가 상대적으로 덜 드러난다.

여섯째, 획일성 문제다. 대규모 단지 공급은 획일화를 피하기 어렵다. 내나 엇비슷하거나 똑같은 건물들이 줄 서는 것이다. 최근 차별화한 디자인, 브랜드 디자인 등을 내세우는 추세지만 일단 여러 동이 들어오는 단지가 되면 엇비슷하게 생긴 건물들이 들어설 수밖에 없고, 획일화한 디자인에서는 높이나 규모로 승부하기 십상이다. '멋대가리 없고 맛깔도 나지 않는 비슷비슷한 아파트로 채워진 도시의 풍경'은 아파트를 욕망하는 현상과 별도로 대중이 우리 도시를 비판할 때 가장 많이 나오는 표현이다.

아파트 대단지의 문제를 일곱째, 여덟째, 아홉째도 꼽을 수 있을까? 물론이다. 유통 구조의 문제, 자라나는 아이들의 사회화 문제, 전업주부의 격리감, 남성들의 소외감, 허술한 관리의 문제, 개발업자의 횡포, 설계업의 낙후한 구조, 디자인 산업이 발전하지 못하는 문제, 분양 광고 시장의 문제, 광고와 언론과의 관계 등 지적할 것은 수없이 많다.

도시 개발과 부동산 개발은 짝꿍

하지만 생각을 전환해보자. 우리가 부동산 개발을 꼭 나쁘게만 봐야 할 이유가 없다. 자본주의 사회에서 눈에 안 보이는 자본과 눈에 확실히 보이는 부동산은 돈이 돌게 만드는 쌍벽이다. 개인의 자산 소유 욕구와 재산 증식 욕구를 자극하지 않으면 자본이 돌지 못하는 것이다. 게다가 도시 개발과 부동산 개발이란 불가피한 짝꿍이다. 우리가 칭송하는 위대한 도시들 역시 강력한 도시 개발을 추진하면서 태어났고 그 도시 개발이란 부동산 개발을 포함하지 않았더라면 이루어지지 못했다.

예컨대 우리가 아는 현재의 파리는 19세기 중·후반에 완전히 새로 태어난 도시다. 1848년 정점을 찍었던 사회주의 파리 혁명 이후에 들어선 나폴레옹 3세 시절에 오스만Haussmann 계획이 관철되었기 때문이다. 이 계획에 따라 기존의 조밀한 골목길들이 미로처럼 얽히고설킨 동네들을 밀어버리고 그 위에 넓고 곧게 뻗은 파리 특유의 방사상 도로를 내고, 도로변을 따라 고밀도 개발이 이루어졌다. 지금으로 치면 싹쓸이 철거 재개발이라 할 만하다. 당시 떠오르던 신부르주아층이 충분한 수요를 제공했고, 부동산 투자 자본은 넘쳐났고, 국가와 자본가들이 자금을 지원했으며 그를 활용하는 개발업자들이 호시탐탐 새로운 기회를 만들어내면서 가로를 따라 끝도 없이 건물을 지어댔다. 그때 등장한 것이 파리 특유의 망사르드Mansard(둥근 모양의 지붕을 만들어 그 속에 다락 등의 공간을 사용하는 양식. 지붕 덕분에 건물이 커 보이고 호화롭게 보인다) 스타일의 아파트다.

뉴욕의 상징으로 칭송되는 센트럴파크는 그 주변의 신주거지 개발을 빼놓고는 이야기할 수 없을 정도다. 미드타운 북쪽에 버려져 있던 땅에 그 거대한 공원을 만들 재원이 어디서 나올 수 있었겠는가? 공원 주변 땅을 높은 값으로 민간에 팔아 거둬들여 나온 돈이다. 공원 변을 따라 들어선 새로운 고급 주택들은 뉴욕의 풍경을 완전히 뒤바꿔놓았다. 땅을 싼값에 분양하고 고급 주택을 지어 수익을 올리는 수법은 파리에서나 뉴욕에서나 마찬가지였다.

빈을 대표하는 링슈트라세Ringstraße는 파리의 오스만 개발과 비슷한 시점인 19세기 후반에 진행된 거대한 개발이다. 빈은 기존 도시를 철거하는 대신 도시를 둘러싼 성곽을 철거하면서 생긴 거대한 땅에 새로운 개발지를 만들었다. 새로운 궁궐이나 청사들만 들어선

게 아니라 대학, 박물관, 공연장 등 새로운 도시 수요를 만드는 기능들이 들어섰으며, 주거 기능이 대폭 확장되었다. 그중 많은 부분이 공동주택으로서의 아파트다. 이때 등장한 것이 상업과 주거 기능을 섞은 복합 주택으로서의 '가로형 아파트'로 당대에 다양한 건축 스타일을 경쟁적으로 태어나게 하는 기폭제가 되었다.

이 도시들뿐 아니라 바르셀로나, 런던, 프라하 등 이른바 제국주의 도시들이 19세기 중·후반에 신시가지 개발을 통해 수많은 아파트를 생산했다. 제국주의 팽창으로 자국 내 경제 활력이 높아지면서 새로운 중산층이 폭발적으로 증가했고, 산업 활동이 폭발적으로 늘어남에 따라 엄청난 노동 인력이 도시로 유입되었으며, 새로운 교통수단인 철도가 도시와 교외를 이으면서 본격적으로 메트로폴리스 시대를 열게 되었던 것이다. 어떻게 대도시를 다루느냐가 새롭게 등장한 과제였고, 대도시의 교통, 노동, 산업, 경제, 주거 문제에 대해 어떻게 새로운 솔루션을 만드느냐에 집중했다.

욕망을 부추기지 않는 도시 개발은 가능한가?

대도시 후발주자인 우리 도시들은 100여 년 뒤에 도시 개발을 추진했고 그 과정에서 당연히 부동산 개발을 강력한 동력으로 활용했다. 19세기의 속도가 아니라 20세기의 속도라는 점, 인구 폭발 규모는 훨씬 더 크지만 도시 자본은 무척 열악한 가운데 추진되었다는 점 그리고 권위주의 정권하에서 추진되었다는 점이 근본적으로 다른 변수다. 국가가 계획과 법과 예산과 제도 지원을 통해서 대대적으로 개입했고, 그 과정에서 공공기관을 도구화하면서 대자본과 대기업들을 주로 가동시켰고, 건설 산업을 의도적으로 육성했으며, 강력한 규제와 강력한 촉진을 넘나들며 때로는 특혜를 주고 때로는 반칙을 묵인했다.

반세기에 걸친 맹렬한 도시 개발 이후 우리는 딜레마에 빠졌다. 한편으로는 그러한 변화가 기회를 만들어내고 삶을 풍성하게 해줬다는 점을 부정할 수는 없다. 그러나 다른 한편으로 비판 의식 역시 커진다. 기회 확대 과정에서 모두에게 기회가 돌아가지는 않았다는 것, 애당초부터 기회는 균등하지 않았다는 것, 문제를 풀려고 택했던 방식들이 또 다른 문제를 키웠다는 것, 도시 개발은 경제 개발의 도구가 되었으며 부동산 개발은 도시 개발의 도구가 되었고 개개인의 욕망은 부동산 거품의 동력이 되었다는 것 등의 실체를 직시하기란, 한마디로 괴롭다.

오늘날의 파리를 만든 19세기 개발에 대해서도 칭송만 있는 것이 아니라 회한도 존재한다. 세계적인 지리학자인 데이비드 하비는 그의 책 『모더니티의 수도, 파리』에서 오스만의 도시 개조 훨씬 이전인 19세기 초부터 사회주의 이론가들이 이미 개조 계획을 구상했지만 동력을 얻지 못했다는 사실, 그리고 오스만 계획이 관철되었던 1851년부터 1970년 사이에 자본가와 권력가와 신중산층이 합세해

서 강행한 부동산 개발의 광풍 속에서 '협동주택, 조합주택'과 같은 공동체적 시도는 맥을 쓰지 못했다는 사실을 안타까워한다. 자본가 주도의 도시 개발이 파리의 지속적인 불평등 상태를 잉태하게 했다는 분석을 내리기도 한다. 영예로워 보이는 도시 역시 결코 완전할 수 없는 것이다.

우리 사회 또한 도시 개발 · 부동산 개발 · 주택 공급에서 불완전한 모습을 보여왔고, 지난 반세기를 거치며 노정된 여러 문제들이 쌓여 있다. 정권의 목표를 위해서 일부러 과장하거나 왜곡하기도 했고 한번 방향을 잘못 정하자 관성으로 흘러가버린 경우도 적지 않다. 1960년대에 '1가구 1주택'이라는 구호를 내걸고 부동산 개발을 시작했을 때는 소박해(?) 보이는 듯도 했다. 그러나 '내 집을 갖고 싶다'라는 욕망과 맞물리고 '부동산 재테크가 최고다'라는 거품에 올라타면서 개발이 전개되어온 양상은 결코 흔쾌하지 않다.

알고도 했을까? 꼭 그렇지는 않다고 생각한다. 경제개발이 불붙었던 1960년대 초만 하더라도 다른 옵션을 고려하기 어려운 한계가 있었고, 단순한 목표로 대중적 호응을 높이려는 의도가 작용했고, 장기적인 부작용을 통찰하기 어려웠던 측면도 있다. 다만 이후로 여러 번 바로잡을 기회가 있었음에도 불구하고 그때마다 무산되었던 현상은 실망스럽고 또 의아하다. 개발 산업의 관성, 대규모 소비자의 욕구, 기존 소유자들의 이해가 맞물리며 개발 머신은 거대한 수레바퀴처럼 굴러갔던 것이다. 고속 성장에 따른 문제가 드러나기 시작했던 1970년대 후반, 과열 경기가 초래한 문제가 드러났던 1980년대 후반, 글로벌해지는 자본 유동성에 굴복했던 1990년대 후반, 전 세계적인 금융과 부동산 거품이 속절없이 터져버렸던 2000년대 후반 등 그때마다 근본적인 체질 개선 과제가 제기되었으나, 얼마 지나면 오히려 또 다른 부동산 개발로 위기를 탈출하려 했다. 그러니 의문이 나지 않을 수 없다. 정치권과 행정 당국과 개발 권력과 그와 결탁한 언론 권력의 수레바퀴 속에서, 혹시 나도 모르는 사이에 나 역시 머니 게임의 공범이 되는 것 아닌가?

1가구 1주택과 주택 보급률과 양극화

'주택 수가 부족하고 공급이 부족하니 집값이 오르고 부동산 시장이 과열되고, 그러니 더 지어야 한다!' 우리 사회에 퍼져 있는 '주택 공급 레전드'다. 이에 따라 신시가지, 신도시, 택지 개발, 재개발, 재건축이 사방 천지에서 일어났다. 낮은 주택 보급률은 특히 아파트 개발을 촉진하는 전가傳家의 보도寶刀였다.

지금도 그럴까? 2017년 통계상 전국 주택보급률은 103퍼센트에 달한다. 지역에 따라서는 110퍼센트를 넘긴 곳도 있다. 선진사회의 경험상 110퍼센트 정도 되면 대체적으로 주택 시장이 안정된다. 아직 100퍼센트를 못 넘긴 곳은 서울이 유일하다(2017년 기준 96.3퍼센트).

나라 전체로 보면 1가구 1주택 정책은 숫자상으로는 만족된 셈이다. 그런데 전국적으로 자가 주택 소유율은 57퍼센트다. 서울로 오면 42퍼센트로 떨어지고 가장 높은 울산도 62퍼센트다(2015년 인구주택총조사 기준). 숫자로 보면 자기 소유가 아닌 집에서 사는 사람들이 절반이 넘는 것, 이것이 현실이다. 자가 주택 보유율 100퍼센트는 가능할까? 이룰 수 없는 목표다. 나라마다 다르나 대개 40~60퍼센트에 머물 뿐이다.

이런 결과가 될 것을 과연 몰랐을까? 만약 1가구 1주택이라는 목표가 '1가구 1주택 소유'가 아니라 '1가구 1주택 거주'라는 개념으로 설정되었더라면, 우리 사회의 주택 개발은 정책적으로 훨씬 다른 양상으로 전개되었을 것이다. 지금도 10퍼센트에 불과한 공공임대주택을 더 적극적으로 늘렸을 것이고, 민간임대주택이라 하더라도 쫓겨날 걱정이나 임대료 급상승 걱정 없이 안정적으로 살 수 있게 정책을 보완했을 것이다. 지금도 빈 구멍이 엄연한 문제다.

시장에서 벌어지는 최근의 부동산 개발은 불행히도 양극화를 악화하는 방향으로 전개되어왔다. 한쪽에서는 강남 아파트뿐 아니라 이른바 인서울 아파트를 투자 또는 투기용으로 마련하려는 열풍이 일어나는 반면, 다른 한쪽에서는 인구가 줄어들고 집값이 떨어지고 또 빈집이 기하급수적으로 늘어난다. 양극화 상황이 심화하는 것이 작금의 현실이다.

도시적 삶을 구성하는 아파트, '도시형 아파트'

주택의 형태는 도시의 성격을 좌우한다. 워낙 그 비율 자체가 높기 때문이다. 우리 도시의 약 60퍼센트를 구성하는 아파트에 대해서 흔쾌한 마음을 갖지 못한다는 것은 안타까움을 넘어 너무 불행하지 않은가? 다시금 강조한다. 나는 '아파트' 자체를 문제로 보지 않는다. 다만 '단지형 아파트'에 대해서는 무척 우려한다. 아파트 내부 설계에 상당한 혁신이 일어나고 있듯이, 아파트 건물 구성 자체가 단지형을 벗어나야 한다고 생각한다. 단지형 아파트가 아니라 '도시형 아파트'로 거듭날 수 있다고 믿는다. 물론 이것만으로 부동산을 둘러싼 사회경제적 문제까지 완전히 해소할 수는 없으나, 양극화가 극심해지는 사회에서 그나마 공간적으로 공존이 가능한 도시가 되기를 기대할 수 있다고 본다.

다음과 같은 생각들은 어떠할까? 실천하기 어렵다는 게 너무 이상할 정도로 아주 상식적이고 간단한 생각들이다.

첫째, 길을 최대한 많이 만든다. 있는 길을 없애는 짓을 최소화한다. 사람들이 다니게 만들고 차량의 흐름을 펴지게 만든다. 차도와 보도를 섞는 것이 꼭 나쁜 것은 아니다. 보행 전용로가 꼭 좋은 것만은 아니다. 차와 사람이 적절히 안전하게 섞임으로써 도시에 활기가 생겨난다.

둘째, 길을 따라서 단지형 아파트가 아니라 도시형 아파트를 만든다. 도시형 아파트란 '가로형 아파트'다. 단지 안에 우뚝우뚝 서는 게 아니라 길을 따라 들어서는 아파트다. 건물 높이와 상관없이 가능하다. 가로형 아파트는 길에서 바로 건물로 들어갈 수 있다. 고층 아파트의 저층 부분에도 상가와 사무실과 공동 시설을 둔다면 자연스럽게 가로형 아파트가 만들어진다. 우리가 유럽 도시에 가서 보는 대부분의 건물들이 바로 가로형 아파트다. 아파트가 도시를 만드는 가장 주요한 역할을 할 수 있는 것이다. 신기하게도 밀도가 높은 동아시아의 도시들, 예컨대 홍콩, 싱가포르, 일본과 중국 도시들에도 가로형 아파트가 많다. 우리 도시에서도 아파트가 얼마든지 좋은 도시를 만드는 중요한 요소가 될 수 있다.

셋째, 개발 단위를 작게 나눈다. 대규모 단지라 하더라도 실제 개발 단위는 여러 부분으로 나눈다. 이왕이면 건물 단위까지 나눌

수 있으면 더욱 좋다. 개발 단위가 작아질수록 훨씬 더 정성이 들어가고 다양성이 생긴다. 대규모 단지를 만드는 메커니즘 자체를 바꾸어보자. 많은 건축주, 많은 설계자, 다양한 소비자가 생김으로써 획일화할 위험을 미연에 방지할 수 있다. 최근 많은 유럽 도시의 신개발지에서 채택되는 방식이다.

넷째, 특히 재개발이나 재건축을 할 때 되도록 개발 단위를 작게 나누고 단계별로 차근차근 개발되도록 한다. 이렇게 해놓아야 오랜 시간이 지나 다시 재건축이 필요해질 때도 시장을 교란하지 않고 차근차근 추진할 수 있다. 대규모로 지었던 많은 아파트 단지들이 재건축 과정을 거치게 될 텐데, 이때 어떤 방식을 택하느냐가 무척 중요하다.

다섯째, 한 건물에 여러 가지 주택 유형을 섞어놓는다. 큰 집, 작은 집, 자기 집, 전셋집, 월셋집, 공공 셋집 등. 이왕이면 리모델링을 통해 쉽게 변신할 수 있도록 설계하면 더욱 좋다. 영화 〈기생충〉의 레토릭을 따르자면 서로의 '냄새'를 만나게 하는 것이다. 물론 지하실 냄새가 아니고 사람 사는 냄새다.

여섯째, 아파트 단지에 담장을 치지 않는다. 담장이 없으면 외부 사람이 마구 드나들 텐데 어떻게 하냐고? 담장이 필요 없으려면 어떻게 구성해야 하는지 상상해보라. 금방 답이 나온다. 투명 담장, 식재 담장으로 바꾸기만 해도 달라진다. 보는 이들의 마음도, 길의 분위기도 달라진다.

이보다 더 많은 생각과 실천을 기대해본다. 우리의 아파트와 우리의 도시는 어떻게든 화해해야 한다. 도시에 담을 쌓고 오아시스를 만들어 산다는 자체에 숨어 있는 특권 의식에서 벗어나보자. 내가 사는 아파트가 어떻게 도시와 소통할 수 있는지 고민해보자. 아파트에 개인의 욕망을 잘 담으면서도 같이 사는 삶의 장점과 강점을 살리는 도시의 효능을 최대한 살려보자. 내가 사는 아파트가 머니 게임의 도구로만 쓰이기를 원치 않는다. 머니 게임이란 도시의 필요악이지만, 도시는 머니 게임의 덫을 넘어설 수 있다고 믿고 싶다.

콘셉트 9

부패에의 유혹:
'ㅂ자 돌림병'의 도시

바벨탑 공화국·엘시티

□ ◇ ● ✧

"이 바벨탑들은 탐욕스럽게 질주하는 '서열 사회'의 심성과 행태,
그리고 서열이 소통을 대체한 불통 사회를 가리키는 은유이자 상징이다."

– 강준만, 『바벨탑 공화국』

"공간정치란 정치의 정의에 너무나도 딱 들어맞습니다.
'누가, 누구를 위하여, 왜, 어디에, 어떻게,
무슨 공간을 만들고 누리게 하느냐'가 공간정치의 핵심입니다."

– 김진애, 『김진애의 공간정치 읽기』

아파트 공화국, 단지 공화국에 이어 이제는 '바벨탑 공화국'이다. 바벨탑 공화국이라는 말을 아예 작정하고 쓴 사람은 사회학자 강준만 교수다. 동명의 책에서 바벨탑을 쌓아 올리고 또 오르려 하는 대한민국의 신분 상승 욕망 현상을 적나라하게 써 내려갔다. '양극화, 끊어진 계층 사다리, 수평 없는 수직 서열, 젠트리피케이션, 갑질, 단지 이기주의, 님비, 멀어져가는 소셜 믹스, 지방의 소멸' 등의 구조적 현상을 뼈저리게 지적하고 있다.

바벨탑 공화국이라는 사회현상을 바탕에 깔고, 나는 이 시대 바벨탑의 물리적 현시라 볼 수 있는 초고층 건물이 왜 이 시점에 우리 사회에 퍼지는지 들여다보고 싶다. 도대체 누가, 무슨 목적으로 초고층 건물을 유행하게 만드는가? 그 과정에서 건설과 도시개발 분야의 뿌리 깊은 'ㅂ자 돌림병'은 어떻게 진화하는가? 초고층 열풍은

이 시대의 새로운 도시 대안인가 아니면 또 다른 먹거리를 만들려는 방편인가? 초고층은 과연 어떤 공간인가? 이 논의에는 도시 분야의 해묵은 논쟁거리인 도시 밀도에 대한 해석이 필수적으로 개입된다. 도시의 유한한 가용 토지자원을 어떻게 쓰는 것이 바람직한가에 관한 논쟁이다. 이 시대 도시 정치의 핵심 이슈이기도 하다.

뿌리 깊은 ㅂ자 돌림병

우선 'ㅂ자 돌림병'부터 보자. ㅂ자 돌림병은 이른바 부정·부패·비리·부실·부당 이익 등에 내가 붙인 일종의 별칭이다. 별칭이라 하여 애정하거나 용납한다는 뜻은 아니고, 이렇게라도 이름 붙이지 않으면 견디기 어려운 심정이기 때문이다. 건설과 개발 분야의 일종의 원죄라고 할까? 뉴스를 어지럽히는 불법 정치 자금, 로비, 뇌물, 정경 유착, 경찰 유착, 검찰 유착, 언론 유착, 특혜, 단가 후려치기, 재료 빼돌리기, 관리 부실, 안전사고 등은 비단 건설·개발만의 문제는 아니지만 이 분야에서 특히 두드러지는 현상임에는 분명하다. 도시, 건축, 공간이란 건설·개발 분야와 밀접하므로 그 자장磁場으로부터 자유롭기 어렵다. 일종의 굴레다.

왜 건설·개발 분야에서 ㅂ자 병이 유독 심할까? 왜 돌림병이 되어버릴까? 왜 없어지지 않을까? 구조적 원인이 워낙 뿌리 깊기 때문이다. 첫째, 개발이란 유한한 토지자원 위에서만 일어날 수 있으니 권력과 자본의 변수가 절대적이다. '주문 사업'이니 권력과 자본을 잘 엮기만 하면 땅 짚고 헤엄치는 일확천금 사업이 될 수 있다('개발독재'라는 말이 그래서 나온다). 하지만 실패율도 높아서 그 위험 부담을 줄이려는 로비가 전방위로 펼쳐진다. 정책 방향 수립, 법제화와 예산 배정(정부와 국회), 개발계획 수립, 각종 영향 평가와 건축허가 등의 개발 인허가, 준공과 분양 관리(정부와 지자체), 설계 경기와 공사 입찰(발주 기관) 등 전 과정에 스며드는 것이다.

둘째, 건설 자체가 불투명한 부분이 워낙 많다. 땅속이나 물속에 들어가 안 보이는 부분도 많거니와 대표적인 노동집약적 작업인지라 무엇이든 빼돌리기가 쉽다. 정치자금이나 스폰서, 뇌물 같은 사건이 많이 터지는 이유다. 부동산 거품에 따라 고부가가치가 가능한 산업인지라 광고나 마케팅 등 변칙적이고 부정한 방식이 많이 사용되는 이유가 되기도 한다.

셋째, 불확실성이 워낙 높다. 잘나가는 것 같다가도 좌초하고, 별로인 듯하다가 갑자기 뜨고, 순항하는 듯하더니 허가가 지연되고 투자 상황이 바뀌어 투자자가 빠져나가고, 분양이 안 돼서 자금난을 겪고, 분양 과열이 되어 벼락부자가 되는 등 예측 불허의 상황이 곧잘 발생한다. 개발 과정 자체가 각종 공공 규제들과의 지난한 샅바싸움이라고 해도 좋을 정도로 무척 복잡하고 기간도 길다.

ㅂ자 병은 돌림병처럼 퍼진다. 부패에의 유혹은 어디에나 있지만 이미 부패가 있는 곳에는 더 퍼지게 되는 것이다. 반칙인 줄 알면

서도 때로는 생존을 위해서, 많은 경우 탐욕을 충족하기 위해서 또는 누구나 할 거라며 별 죄의식 없이 행하기도 한다. 우리 주변을 어지럽히는 재개발과 재건축 관련 조합 비리, 시행사 비리, 수주 비리, 입찰 비리, 공사 비리 등의 덫에 빠지는 것이다. 악순환이다.

선진사회의 기준을 사회의 높은 투명성이라 한다면 우리 사회는 아직 갈 길이 멀다. 특히 개발에서의 ㅂ자 돌림병은 점점 더 교묘해진다는 데 심각성이 있다. 물론 개발독재 시대의 무작스러운 부정부패는 꽤 줄어들었다. 그러나 없어진 건 아니다. 최근 플루토크라시Plutocracy(금권정치) 문제가 다시 제기되는 이유가 있다. 이는 신자유주의 시대, 양극화 시대, 정치화 시대에 부유층과 기득권층이 자신의 이익을 위해 정치 세력과 결탁하여 정책 방향을 좌지우지하려드는 현상이다. 과정이 복잡해진 만큼 훨씬 더 정교한 정치 개입이 일어나곤 한다. 미래의 정치인을 발탁하여 후원으로 키우고, 정치자금을 대주며 이해집단의 로비 창구로 쓰는 '금권 기획'이 꿈틀거리는 것이다. 왜 토건족土建族이라는 말이 생기겠는가? 왜 건설 마피아라는 말이 생기겠는가? 엄청난 이권을 좇으며 끝없이 탐욕을 부리고 기득권을 연장해 새로운 먹거리를 창출하는 사이클이 반복되는 구조를 바꾸기란 결코 쉽지 않다.

100층 타워 '엘시티': 너무 이상한 프로젝트

초고층 타워를 둘러싼 ㅂ자 병은 각별히 주목할 만하다. 우선 어쩌다 초고층 열풍이 불었을까 생각해보자. 시간은 20여 년 전으로 돌아간다. 밀레니엄을 앞두고 새로운 투자처를 찾는 세계 자본의 흐름이 빨라지고 부동산 거품이 한껏 부풀어 올랐을 시절이었다. 이 거품이 언제 터질지 전혀 예견하지 못한 상황에서 핑크빛 개발들이 우후죽순으로 등장했다.

100층 프로젝트는 여러 도시에서 제안되었다. 서울에서 한때 진행되던 프로젝트만 해도 10여 개가 된다. 상암 디지털미디어시티, 용산, 잠실, 뚝섬, 마곡 등 서울의 마지막 남은 개발지라 불리는 공간에서는 빠지지 않고 등장했다. 그중에는 그림만 그럴싸했던 마케팅용 프로젝트도 있었으나 반대로 서울시장까지 나서서 아예 100층 이상 개발을 못 박아서 개발계획을 제시했던 경우도 있었다(오세훈 서울시장의 용산 마스터플랜). 인천에서는 영종도 인천국제공항 개장과 함께 송도 신도시 개발이 본격화하면서 마천루 계획이 쏟아졌고, 부산에서도 해운대와 도심 옛 시청사 부지에 100층 타워가 계획되었다.

이들 중 실제로 지어진 타워는 딱 두 개다. 하나는 말도 많고 탈도 많았던 잠실 롯데월드타워다. 전무후무하게도 대통령까지 나섰던 프로젝트다. 당시 이명박 대통령이 수십여 년 동안 건설을 불허한 이

유인 인근 성남공군기지의 활주로 방향을 틀면서까지 허가를 내줬다. 또 하나는 더욱 말 많고 탈도 많이 난 부산 해운대 엘시티다.

근자에 엘시티만큼 뜨거운 화젯거리가 된 개발도 드물다. 들여다보면 볼수록 참으로 희한한 특혜와 반칙이 횡행한 사례다. 백주에 어떻게 이런 일들이 10여 년에 걸쳐 일어났는지 도저히 믿기지 않을 정도다. 이 사업과 관련해서 수많은 정치인들(국회의원, 청와대 수석 등), 행정가들(부산시장, 시청과 구청 공무원들), 사업가와 개발 브로커들이 쇠고랑을 찼고 진상 규명은 여전히 현재 진행형이다. 지방정부뿐 아니라 중앙정부까지 움직이고 법제화까지 동원했으니 비리조차도 고도화한 사례라고 할까? 탐욕이란, 그렇게도 집요하다.

어떻게 전개됐을까? 핵심만 정리해보면 다음과 같다. 괄호 안은 내 해석이다.

1. 엘시티 부지는 해운대 달맞이고개 바로 옆 해변 노른자위 땅이다. 나서면 바로 모래사장이다. (100층 초고층이 올라가도 마땅한 지형지세인가? 그 널따란 해운대가 갑자기 줄어든 것처럼 보일 정도다. 101층 타워 한 동과 85층 타워 두 동, 모두 세 개의 타워가 올라간다. 전형적인 공공 공간의 사유화 사례다.)

2. 이 땅은 워낙 부산시가 소유한 땅이었다. (부산시가 해운대의 관광 기능을 높이는 공익 개발을 하겠다고 인근 군 부지와 민간 땅을 구입해서 마련했던 땅이다. 2006년 도시개발구역으로 고시하고 관광사

임옥상, 〈토끼와 늑대〉의 일부, 1985

업 모집을 하면서 민간 사업자 엘시티PFV가 선정되었다. 계약 조건에는 아파트와 오피스텔, 주상복합을 일체 제외한 공익 개발을 하며 위반할 시 협약을 해지한다고 명시했다.)

3. 부산시는 땅을 매매한 후에 사업자 요구대로 각종 도시계획을 변경해주었다. (민간에 땅을 팔려면 도시계획을 확정한 상태에서 팔아야 제값을 받을 수 있다. 예를 들어 타워팰리스가 올라간 도곡동 땅은 서울시가 상업지구로 변경한 후에 삼성에 팔았다. 헐값에 땅을 넘기고 난 후 사업자가 각종 이득을 높이는 방향으로 계획을 변경했으니, 무슨 의도가 있었을까?)

4. 이후 아파트를 지을 수 있도록 사업 계획 변경을 허가해주고, 높이 규제를 푸는 지구 변경을 해주었다. (도저히 이해가 안 되는 부분이다. 사업자가 사업성 문제를 제기하자 애당초의 협약 내용을 변경해준 것이다. 이럴 경우에는 사업자를 새로 선정해야 정상이건만 그대로 진행됐다. 그에 이어 당초 60미터 높이 규제가 있던 중심미관지구를 해제해주어서 초고층을 가능하게 만들었다.)

5. 부산시는 마치 시의 자체 개발인 양 각종 특혜를 지속적으로 남발했다. (몇 가지만 꼽더라도 엄청나다. 일단 환경영향평가제도 규정 시행을 유보해서 면제해주었다. 교통 문제가 제기되자 부산시 비용으로 주변 도로를 확보해주겠다고 나서며 교통영향평가를 면제해주었다.

게다가 단지 내 공원과 도로를 부산시가 조성해주기까지 했다.)

6. 법무부가 국내 부동산에 투자한 외국인에게 영주권을 부여하는 '부동산 투자이민제' 대상으로 지정하여 엘시티는 최대 수혜를 받았다. 지역이나 지구가 아니라 단일 사업으로 지정된 유일한 사례다. 엘시티는 이 조치 시행 직후 분양을 시작했다. (박근혜 정부가 시행한 이 조치에 대해서 특혜 문제가 제기되었다. 아파트 분양을 받으면 영주권을 부여하는 제도를 하나의 사업 단위에 부여해준 전례가 없기 때문이다.)

7. 시공을 맡았던 외국 기업이 철수해서 표류하던 프로젝트에 박근혜 정부 시절에 포스코 건설이 갑자기 시공사로 투입되었다. 때 맞춰 부산은행 등 금융기관에서 총사업비 2조 7000억 중 1조 7800억의 대출이 이루어졌다. 검찰 조사에 따르면 그중 700억이 로비에 사용되었다. (특혜와 유착 문제가 제기되는 사안이고 가장 많은 비리가 드러났던 사안이다. 돈의 흐름이 부동산 프로젝트를 절대적으로 좌우한다는 사실을 시사한다.)

엘시티 전모를 보면 한마디로 너무 이상한 프로젝트다. 10여 년 동안 그런 부정한 일들이 어떻게 버젓이 대명천지에서 일어날 수 있었을까? 수많은 공무원, 전문가, 관료가 개입되었는데 어떻게 브레이크가 없었단 말인가? 시키는 대로 할 수밖에 없었던가 아니면 떡

고물에 눈이 멀었단 말인가? 정치인들은 절대 터지지 않을 거라 믿었단 말인가? 끼리끼리 봐주리라는 믿음, 위에서 또 뒤에서 봐줄 거라는 믿음 없이 그렇게 할 수 있었겠는가? 청와대 인사들은 왜 개입되었단 말인가? 문제가 터질 때마다 막아주었단 말인가? 언론은 어떻게 입을 닫고 있었을까? 시민 단체와 깨인 지식인들의 문제 제기에 귀를 닫고 입을 닫고 있었다는 말인가? ㅂ자 돌림병이 이토록 교묘해졌고 이토록 전염성이 강해졌고 이토록 면역성 자체를 원천 봉쇄했더란 말인가?

엘시티는 2019년 말에 완공될 예정이다. 수많은 비리가 드러났고 공사 중에 안전사고도 발생했지만 한번 허가가 나고 분양이 되고 나면 멈출 수 없는 개발 머신이 되어버린 것이다. 완공되고 나면 과연 100층 프리미엄을 누릴 수 있을까? 엘시티는 '리더의 도시Leaders' City'의 약자라고 한다. 리더라는 말을 개발 프로젝트에 썼으니, 여기 사는 사람들은 본인이 리더라 생각할까? 그 리더들이 이 특혜와 비리와 환경 파괴로 얼룩진 프로젝트에서 어떤 리더십을 상상할까?

초고층이 왜 그렇게 한꺼번에 들어섰을까?

100층 이상 타워로서는 수상한 과정을 거쳐 엘시티와 롯데월드타워 두 개만 세워졌지만, 대신 개발업계는 100층의 한을 초고층 개발로 푼 셈이다. 급증한 속도가 놀랍다. 국토교통부 통계에 따르면 초고층은 2000년에 20개였는데 5년 만에 164개(2005년)로 늘었고, 단 2년 만에 330개로 두 배가 되었고(2007년), 다시 3년 만에 두 배로 753개(2010년), 2012년에는 1000개를 넘겼고(1020개), 2018년에 2325개의 초고층 건물들이 있다. 20여 년 동안 2000개 이상이 늘었다.

초고층을 어떻게 정의하느냐에 대해서는 여러 기준이 있다. 현행 건축법에서는 50층 또는 높이 200미터 이상을 초고층으로 정의한다. 그런데 초고층 건물의 화재 사건이 이어지면서 심각한 안전 문제가 제기되자 29층 이상을 준초고층이라 분류하여 초고층에 준하는 방재 조건을 준수하도록 하고 있다.

국토교통부 통계정보에서는 31층 이상을 일괄 분류하니 이를 따라보자. 31층 이상의 초고층 건물은 어디에 제일 많을까? 서울에 가장 많을 거라 생각할 테지만 사실은 부산에 제일 많다(부산 372개, 서울 360개). 인천이 355개로 그다음이다. 지역으로는 예상하는 바대로 529개로 경기도에 제일 많은데, 수도권 신도시들과 택지개발지구에 초고층 건물을 많이 짓기 때문이다. 이른바 부자도시 울산에도 초고층이 많이 들어섰고(114개), 대구의 초고층 건물 숫자도 만만찮다(132개). 초고층 건물이 전혀 없는 지역은 제주도와 세종시 단 두 곳이다. 그런가 하면 50층 이상 초고층 건물은 전국에 107개가 있는데, 어디에 제일 많을까? 역시 부산이다. 서울의 거의 두 배다. 2018년 기준으로 50층 이상 초고층 건물은 부산 43개, 서울

24개, 인천 19개, 대전 8개, 대구 8개로 기록된다.

이 통계들을 보면 불과 20여 년 동안 2000개 이상이 생겼고, 흥미롭게도 부산에 가장 많다는 것을 알 수 있다. 왜 이런 현상이 생겼을까? 갑자기 초고층에 열광하게 된 이유라도 있을까? 건축 트렌드 변화에는 어떤 기술적 변화나 생활 패턴의 변화보다는 시장, 정책, 수요 창출의 변화가 계기가 되곤 한다. 2000년이라 하면, IMF 외환위기로부터 벗어나려 발버둥 치던 시점이다. 실제 1998년 김대중 정부가 들어선 후 다각도로 경기부양 정책이 펼쳐졌고 부동산 경기는 중요한 축이었다. 주상복합에 대한 규제 완화가 그 흐름 중 하나였는데 초고층 건물 개발을 폭발시키는 결정적인 계기가 되었다. 주상복합에서 주거와 상업 공간의 비율을 7 대 3에서 9 대 1로 획기적으로 낮춘 것이다. 간단해 보이지만 엄청난 영향력을 발휘한 이 조치로 상업지역과 준주거지역에 수많은 주상복합 프로젝트들이 등장했다.

주상복합이 50층 이상 초고층을 본격적으로 등장시켰다면 그 여파는 아파트의 준초고층화를 재촉했다. 아무리 높아야 27층 남짓하던 아파트가 50층을 넘보는 높이로 자란 것이다. 여기에는 재건축 사업이 주효한 역할을 했다. 작전은 이렇다. 대단지 재건축 계획을 세우면서 일부를 상업, 근린상업, 준주거지역으로 상향 지정받고 초고층 주상복합을 계획한 후에 주변 아파트의 고층화를 주도한다(서울의 잠실, 신반포 등 아파트 대단지 재건축이 대개 이렇게 진행됐다). 2000년대 이후 추진된 신도시와 택지개발지구에는 아예 '주상복합

지구'를 지정해서 초고층을 짓게 해준 것도 주요한 요인이 되었다.

왜 부산에 초고층이 가장 많은지 금방 이해가 갈 것이다. 첫째, 부산시의 규제 완화, 즉 용도지구 상향 조정이 봇물을 이뤄서 주상복합을 가능케 했다. 둘째, 떠도는 투기 계층을 효과적으로 유치했다. 외환 위기에도 끄떡없는 자산을 가진 부유층의 파워는 세계화와 신자유주의 경제가 가속화할수록 더 거세졌고 뜨는 개발이라면 어디에든 몰렸다. 더욱이 부산은 해양 관광도시로서 외지인의 투자처로는 아주 매력적이었다. 셋째, 초고층을 띄우는 마케팅이 언론과 한통속이 됐다. 홍보로 띄우고 마케팅으로 띄우고 투기 수요가 몰리는 거품이 형성되면, 게임 끝이다.

지금도 초고층 주택 시장은 그들만의 리그가 되는 경우가 많다. 2018년에 시행한 강력한 부동산 규제 이후에 아파트값 폭등 기세가 10여 년 만에 꺾였으나 다시 가장 먼저 꿈틀거리는 시장이 초고층 시장이다. 이런 현상이 실수요 때문이라고 생각할 사람은 별로 없을 것이다. 그만큼 투기 수요가 몰리기 쉬운 데가 초고층인 것이다.

초고층은
살 만한 공간인가?

그렇다 하더라도 초고층이 무슨 문제가 있는가? 지을 수 있는 곳에 지으면 되는 것 아닌가? 투기 수요가 몰린다 한들 그것은 부동산 시장의 문제지 초고층 자체에 문제가 있는 것은 아니지 않는가? 이런 질문이 당연히 따라온다.

여기서 내 생각을 정확히 밝혀야겠다. 내가 초고층을 반대한다고 생각하는 사람들이 있는데, 완전 오해다. 나는 초고층 자체에 이의가 없다. 탁월하게 설계된 초고층을 보면 한껏 고양되기도 한다. 바벨탑을 쌓고 싶은 인간의 욕망 자체를 부정하지 않는다. 중력에 맞서서 하늘로 향하려는 욕망, 바람의 힘에 맞서서 흔들리지 않고 지진의 힘에 맞서서 균형을 찾고자 하는 인간의 모든 의지에 박수를 보낸다. 실제로 초고층을 지으려 개발한 여러 기술들이 건축 기술의 보편적 발전에 크게 이바지하기도 했다.

다만 내가 반대하는 것은 아파트용으로 세우는 초고층이다. 바로 우리 사회의 초고층 현상이다. 초고층 건물에 아파트를 넣는 것은 두말할 것도 없이 잘 팔리고 비싸게 팔리는 분양 사업이기 때문이다. 임대 사업인 업무 시설과 유통 상가는 투자비 회수가 장기화되는 반면, 아파트는 분양, 그것도 선분양이니 투자 비용 뽑기에 그만이다. 초고층 프리미엄까지 붙으니 공급자로서는 충분히 선호할 만하다.

그렇다면 거주자로서는 어떨까? "초고층은 주거 공간으로 괜찮은가, 몇 층까지 사는 게 괜찮으냐?"는 질문을 전문가로서 자주 받는다. 주거로서의 초고층이라면 나는 다음을 제시하곤 한다. 첫째, 창문을 열 수 있는가? 둘째, 발코니에 나갈 수 있는가? 셋째, 소방 사다리가 닿는 높이인가(초고층에는 피난층이나 피난계단 규정이 물론 적용되나 밤잠을 자는 주거에서는 최후 장치라 생각한다. 참고로 소방용 사다리차는 22층까지 닿는 게 일반적이다)?

가족의 생활 패턴을 고려한 조언도 덧붙이곤 한다. 첫째, 집에 붙어 있는 시간이 많다면 초고층에 사는 것은 재고해보시라. 둘째, 가족 중에 고령자나 거동이 불편한 사람이 있거나 임신을 계획하고 있다면 삼가시라. 셋째, 어린이가 있는 가정이라면 심사숙고하시라. 넷째, 특정한 지병(심장, 호흡기 관련)이 있다면 거듭 고민하시라.

나의 직설적인 의견에 찬성도 반대도 있겠지만, 초고층 거주의 불건강함이나 심리적 불안정성에 대한 연구들은 이미 상당히 쌓여 있다. 고립감, 소외감, 땅과의 거리가 멀수록 생기는 건강관리 문제, 자연 환기가 안 되면서 쌓이는 건강 문제 등 머무는 시간이 긴 집의 환경에 대해서는 각별히 주의가 필요하다는 점은 기본적인 상식이다.

한마디로, 초고층은 보기에 멋지다. 내다보기에 멋질 가능성도 높다. 일하기에 괜찮다. 잠깐 머물기에 괜찮다. 그러나 살기엔 나쁘다. 그것도 상당히 나쁘다. 그런데 초고층 거주에 뒤따르는 문제에 대해서 언론은 왜 잠잠할까? 잠잠할 뿐 아니라 왜 과장 광고를 싣고 미화하는 기사들이 많이 나올까? 부동산 분양 광고가 아무리 언론 광고 시장에서 큰 부분을 차지한다는 사실을 감안한다 하더라도 좀 심하지 않은가?

사석에서 만난 한 언론인이 초고층 주상복합살이에 대해서 불만을 쏟아냈다. "도대체 창문을 열 수 있는 데가 없다. 여름철 24시간 에어컨을 틀지 않으면 살 수가 없다. 전기료를 당해낼 수가 없다. 냄새가 제대로 빠지지 않는다. 완전히 갇혀 사는 것 같다" 등. 그러더니 나에게 "왜 그런 초고층 주상복합을 짓게 놔두냐? 왜 그렇게 설계하느냐? 업자들이 담합해서 그러는 거 아니냐?" 하면서 분통을 털어놓았다. 초고층살이를 선택한 주체는 그 사람인데 왜 내가 비난을 받아야 하는지는 모르겠지만, 감내할 각오는 되어 있다. 그 언론인은 결국 주상복합을 팔고 일반 아파트로 이사 갔단다. 앞뒤로 공기가 통하니 살 것 같고 창문을 열어놓을 수 있어 좋고 관리비가 줄어들어 행복하단다.

이 사람만 이런 선택을 하지는 않았을 것이다. 이 사람만 그런 불만을 가지진 않았을 것이다. 이 사람만 참고 살지는 않았을 것이다. 많은 언론인들이 초고층살이의 문제를 모르지 않을 것이다. 그러나 구체적인 지적은 삼간다. 그러고는 여러 방식으로 초고층을 칭송하며 초고층 시장을 떠받든다. '최고의 전망, 호텔급 주거, 최고의 부대 서비스'는 단골 메뉴다. 특별한 장관 속에 사는 허영심을 부추기고 이왕이면 부동산 프리미엄까지 누리게 만드는 작전이 펼쳐지면서, 초고층 아파트를 둘러싼 암묵적인 카르텔이 형성된다.

"초고층에 살아도 괜찮은 사람은? 젊은 사람, 싱글족, 워커홀릭이거나 출장으로 집을 자주 비우는 사람, 살림 안 하고 레지던스 호텔처럼 살고 싶은 사람, 물론 돈 걱정 없는 부유층이어야!" 언론은 이렇게 말하지 못할 것이다. 우리 사회에서 초고층살이에 적합한 사람들의 숫자가 얼마나 될 것인가? 그런데도 소수 계층의 행태가 일

반 아파트의 초고층화와 취향까지 좌우하고 일반 주택 시장에까지 영향을 미치는 현실이 갑갑할 뿐이다.

초고층과
고밀 개발은 다르다

초고층 규제 완화 주장은 끊임없이 등장한다. 주장의 근거로 "한정된 토지자원의 고밀 개발이 필요하다"는 말이 나오는 것은 전형적이다. 도시의 스카이라인을 다채롭게 해준다, 도심에 거주민을 늘려서 도심 공동화를 막아준다와 같은 논리도 제시되지만, 토지자원을 효율적으로 쓰는 고밀 개발만큼 자주 등장하는 논거가 없다. 정말 그럴까?

한정된 토지자원이라는 말은 맞는다. 도시의 근본적 조건 중 하나가 한정된 땅이다. "땅이 저렇게 많은데"라 할 수가 없다. 대도시라 할지라도 땅은 한정되어 있고 쓸모 있는 땅은 더욱 제한적이다. 도시가 무작정 팽창할 수도 없다. 팽창이라면 미국 도시를 따라갈 데가 없는데, 미국을 횡단하는 비행기에 타서 내려다보면 끝도 한도 없이 단독주택이 펼쳐지는 교외 풍경이 무슨 장난감 놀이동산 꿈을 꾸는 것만 같다. 그 결과는 영화 〈라라랜드〉 첫 장면에 나오는 고속도로 풍경이다. 10차선씩 되는 고속도로가 주차장처럼 변하는 것이다.

바로 여기에 열쇠가 있다. 미국 도시가 교외로 팽창하게 된 가장 직접적 원인은 자동차 산업 먹거리 확보였다. 물론 마이카의 자유, 전원살이의 로망, 끼리끼리 중산층 동네의 욕구가 버무려졌지만 자동차 시장 확대가 원천적인 변수로 작동했다. 미국은 놀라우리만큼 지하철이 제대로 작동하는 도시가 몇 안 될 뿐 아니라 버스 노선조차 너무 적다. 차 없이 어찌 살라는 말인가 하는 생각이 절로 든다. 미국은 대중교통보다 개인 교통에 의존하는 도시 개발 패턴을 선택했고 자동차 산업, 주택 산업, 부동산 산업, 광고 시장이 그런 패턴을 강화하는 방향으로 굳어져버렸다.

도시 개발이라는 것이 이상적인 도시계획에 따라 전개되는 것만은 아니라는 대표 사례다. 미국은 교외 개발의 후과를 톡톡히 치렀다. 중산층이 교외로 빠져나가며 도심은 텅텅 비어갔고, 세금은 안 걷히고 범죄는 늘어갔다. 도시 재정이 바닥나서 파산까지 가는 도시 위기를 1960~1970년대에 혹독하게 겪었다. 반세기가 지난 지금 미국 도시들은 다시 새로운 도시 위기를 겪고 있다. 그 시작은 도심으로 회귀하는 젠트리피케이션이었다. 처음에는 싼 임대료를 찾아 자유직과 예술가들이 들어와 살거나 개성 있는 가게들이 들어서며 도심에 활력을 불러일으키는 것으로 시작하더니, 신자유주의 경제의 논리에 따라 신부유층이 등장하면서 도심의 본격적인 부동산 개발로 이어진 것이다. 새로운 도시 위기는 도심이 아니라 교외에서 일어난다. 중산층과 부유층 인구가 교외에서 도심으로 이동하면서 빈집이 늘고 저소득층으로 대체되며 상권과 학교 체제가 붕괴하는 문제가 생기는 것이다. 영원할 것 같던 미국의 교외 개발이 이렇게 무너지는 것을 보면 도시의 흥망성쇠란 정말 변화무쌍하다.

공교롭게도 이 과정에서 전문 분야에서는 '콤팩트 시티Compact City(압축도시 또는 집약도시)'라는 개념이 등장했다. 분산하지 말고 집중하자는 것이다. 쉽게 말하자면, 교외에서처럼 띄엄띄엄 살지 말고 밀도 높은 환경에 살면서 대중교통을 이용하고 걸어 다니면서 각종 도시 서비스를 누릴 수 있는 도시를 만들자는 것이다. '스마트 시티Smart City(각종 첨단 정보통신 서비스를 장착한 도시)'의 흐름 역시 이에 가세했음은 물론이다.

이 흐름 자체는 나쁘지 않다. 분산과 팽창으로 교외로 뻗어가며 반反도시적인 도시 개발에 치중해왔던 미국 사회에서 콤팩트 시티는 괜찮은 방향 전환이다. 『미국 대도시의 죽음과 삶』이라는 책으로 불멸의 도시 멘토가 된 도시비평가 제인 제이콥스가 보면 아주 반가워할 변화일 것이다. 그는 생전에 미국의 교외 개발을 반도시적 도시라고 비판하며 적절한 고밀도가 좋은 스트리트 라이프를 만들고, 스트리트 라이프야말로 도시적 삶의 축복이라고 했다. 그런데 그 콤팩트 시티가 초고층을 만들려고 함을 알아챘다면 분노할지도 모르겠다.

콤팩트 시티 개념을 초고층 개발로 연결하는 주장도 물론 있다. 『도시의 승리』를 쓴 경제학자 에드워드 글레이저는 도심 고밀 개발을 위해 초고층이 유효하고, 심지어는 문화유산이나 녹지 보전을 줄여야 한다는 주장까지 하며 도심 고밀 개발을 지지한다. 그는 제인 제이콥스를 향해 존경심을 표하면서도, 제인 제이콥스가 애호했던 정도의 밀도로써는 부족하다며 초고층 개발을 주장하는 것이다.

이쯤 되면, 독자들은 혼란스러울지도 모르겠다. 도대체 어떻게 하라는 건가? 여기서 우리 도시로 돌아와보자. 우리 도시는 이미 상당한 수준의 콤팩트 시티다. 인구 밀도는 말할 것도 없고, 건축 밀도 역시 높다. 이런 상황에서 초고층 개발을 정당화하기 위해서 선진 개념이라며 콤팩트 시티를 거론하는 자체가 웃기는 일이다. 우리 도시들은 아주 다행스럽게도 미국과 같은 분산적인 교외 개발을 겪지도 않았고, 이미 상당히 고밀도로 거주하고 있고, 대중교통을 활용하는 도시를 만들어왔고, 대단지 개발로 위태로워지고 있기는 하지만 괜찮은 스트리트 라이프를 즐기고 있다. 굳이 콤팩트 시티 운운할 이유가 없는 것이다. 인구가 줄어들고 빈집이 늘어나는 소도시나 도농복합지역에서는 지혜로운 콤팩트 시티화의 방향과 방법을 고민해야 할 필요가 있으나 그것도 절대로 초고층 건물을 통한 것은 아니다.

부패에의 유혹을 견디는 사회의 힘

초고층 자체를 비판하는 것은 아님을 다시 한번 강조한다. 초고층은 그 자체로 문제가 있는 건물 유형은 아니다. 필요한 곳에 필요한 기능을 담아서 튼튼하게 지으면 도시로서도 바람직하다. 약 100년 전 1920년대에 마천루 열풍이 불면서 지어진 뉴욕의 엠파이어스테이트 빌딩이나 크라이슬러 빌딩은 도시를 빛나게 하며 여전히 뉴욕을 상징하는 랜드마크로 우뚝 서 있다.

그러나 인정할 건 인정하자. 초고층이 일반적인 도시 개발의 대안이 될 수는 없다. 초고층은 건축비가 훨씬 더 많이 든다. 높이에 따라 달라지나 30퍼센트 정도의 추가 공사비가 든다. 지진과 강풍에 대비하고 비상시 피난책을 준비하려면 그럴 수밖에 없다. 관리비용도 훨씬 더 많이 든다. 자연 환기가 어려우니 인공 공조 장치에 의존해야 하기 때문이다. 또한 초고층 건물이 들어섬으로써 생기는 미세기후 변화, 특히 빌딩풍으로 불리는 강풍과 돌풍은 거리를 불쾌하게 만든다.

그러니 초고층은 아껴서 써야 한다. 개발 산업에 먹거리를 마련해주겠다고 서둘러서는 곤란하다. 지금 당장 분양 잘된다고 아파트로 채우다가는 미래 수요에 대비하기 어렵다. 도시의 경쟁력이 올라갈수록, 또 올리기 위해서도 주거 외 업무 기능, 호텔 기능, 상업 기능이 더욱 필요해지는 때가 올 텐데, 주상복합 초고층으로 도시를 가득 채워놓으면 어떻게 미래를 대비할 수 있을 것인가? 우리 사회의 문제는, 하나를 완화하면 모두가 완화된다는 것이다. 초고층 주상복합이 처음 도입될 때만 해도 대도시의 도심에 적용돼 도심 공동화 현상(거주민이 전혀 없어서 밤이면 유령도시처럼 변하는 현상)을 완화해주고 그 밖의 수요는 제한적일 것이라고 여겼지만, 결과는 도시 규모에 상관없이, 도심과 신도시에 상관없이 전역으로 퍼져버렸다.

이런 과정에서 개발업계와 특정 정치인들의 이익 공동체가 꾸준히 모습을 달리해가며 영향력을 행사해왔다. 주거용 오피스텔 제도를 만들어서 사업성을 높여줬고, 주차장 기준을 완화하는 도시형 생활주택 제도를 도입해서 고층화를 유도했다. 이명박 정부 시절에 시행되었던 규제 완화로 무더기로 지어진 건물들이 화재와 지진에 취약함은 그동안 발생했던 수많은 안전사고에서 드러났다. 언제까지 이런 먹이사슬의 악순환 속에서 우리 도시를 망가뜨릴 텐인가?

ㅂ자 돌림병이라 부정적인 별칭을 붙였는데, 그러고 보니 부동산도 비읍으로 시작한다. 부동산 하면 떠오르는 단어인, 불로소득, 부가가치도 비읍으로 시작한다. 이름 때문에 생긴 저주일까? 그러나 부패에의 유혹은 인간 사회가 존재하는 한 계속될 유혹이다. 욕망이 탐욕으로 변하는 것, 특히 현실 세계에서 탐욕의 실현에는 엄청난 힘, 다양한 작전, 여러 형태의 유혹들이 작용한다. 그런 메커니즘을 견제하는 건강한 도시의 힘이 필요할 뿐이다. 바벨탑을 세우려는 욕망은 계속되겠으나, 무엇을 위한 바벨탑인가에 대해서는 끊임없이 의문해야 한다.

콘셉트 10

현상과 구조:
이상해하는 능력

이방인의 시각·시민의 태도

□ ◇ ● ✧

"살아 있는 사람들의 지옥은
미래의 어떤 것이 아니라 이미 이곳에 있는 것입니다.
우리는 날마다 지옥에서 살고 있고 함께 지옥을 만들어가고 있습니다."

– 이탈로 칼비노, 『보이지 않는 도시들』

I

낯선 도시에 가면 뭔가 다른 점이 금방 눈에 띈다. '왜 이렇게 다르지? 왜 이렇게 생겼지?' 여러 의문들이 자연스레 떠오른다. 이방인으로서의 시각이 작동하는 것이다. 반대로 살고 있는 도시에서는 내나 그냥 받아들이는 경우가 많다. 한 문화 속에서 젖어 살면서 관성이 생긴 탓이다. 결국 다른 문화를 접하는 일은 자기 문화의 특이한 점, 이상한 점, 신기한 점을 새삼 발견하는 눈을 기르기 위한 것인지도 모른다.

대중 강연을 하다 보면 시민들로부터 질문을 많이 받는다. 민원성 질문도 많고(개발에 대한 반대와 찬성 등), 정책과 제도에 대한 불만성 질문도 많고(업계 사람들의 규제 완화 요청과 시민들의 규제 강화 요구 등), 문제를 제기하는 질문도 있고, 소망을 담은 질문도 있다. 굳이 나누어보자면, 다음과 같은 갈래들이다. 바라는 환경에 기초해서 하는 질문, 특정 이해관계에서 비롯한 질문, 정말 이상해하면서 던지는 질문, 갑갑해서 하는 질문, 궁금해서 하는 질문, 구체적 해결책을 구하는 질문, 기상천외한 발상을 제안하는 질문이다.

이 중에서 나는 정말 이상해하면서 하는 질문을 반긴다. 이런 질문을 받으면 일단 혼자가 아니라는 느낌이 들어서 좋다. 이방인의 시각을 공유하는 이가 있다는 느낌이 든다. 나만 이상해하는 건 아님을 확인하니 안도감이 들고 동지 의식을 느끼기도 한다.

우리는 많은 경우 속고 산다. 많은 경우 속은 척하며 산다. 많은 경우 일부러 눈을 감으려 든다. 정직하게 말하자면, 우리는 많은 거짓말을 하며 산다. 모르는 척하는 것도 그중 하나다. 위선적이라서, 위악적이라서 그런 것도 아니다. 삶이란 게 그러하다. 위선과 거짓말이 없다면 현실은 견딜 수 없게 될지도 모르기 때문이다. 하지만 가끔은 멈추고 의문을 가질 필요가 있다. 의문할 만한가? 의문하기를 피하고 있나? 의문할 것을 안 하고 있나? 여기서 작은 사안부터 큰 사안까지 몇 가지를 예로 들어본다.

간판이
너무 많아요

우리 도시에 대해서 가장 많이 나오는 불만 중 하나가 간판이다. "너무 어지러워요.", "정신 산란해요.", "건물이 간판으로 뒤덮여요.", "싸게 보여요.", "다 같이 고함치는 것 같아요." 그런데 나는 이것이 '주입된 불만'이 아닌가 싶다. 언론을 통해 오랫동안 주입되었고, 이른바 오피니언 리더들이 주도해온 불만 아닐까? 물론 우리의 간판은 산만하기도 하고 정리도 필요하다. 하지만 꼭 그렇게 나쁘게만 봐야 할지는 의문해봐야 한다.

간판은 우리 도시 문화의 특징 중 하나다. 아시아 문화의 특징이기도 하다. 홍콩, 중국, 일본, 동남아 도시들뿐 아니라 서남아시아 도시들에서도 간판 현상은 확연하다. 아마도 가장 극명한 장소는 세계의 도시 곳곳에 있는 차이나타운일 것이다. 시야에 간판이 갑자기 많아지고, 붉은색이 갑자기 눈에 띄고, 깃발이 휘날리고 있다면 그곳은 여지없이 차이나타운이기 십상이다.

왜 간판이 많을까? 간판이 적은 동네를 떠올리면 이유를 짐작할 만하다. 예컨대 고급 브랜드의 사옥이나 매장이 모여 있는 동네나 오피스 타워가 즐비한 도심에서는 간판이 그리 눈에 뜨이지 않는다. 그 주소, 그 매장 앞에 가야지만 확인할 수 있는 간판, 때로는 글자만 적힌 크지 않은 사인이 전부다. 고급이고 품격이 높아서 간판이 없다? 그런 이유보다는 이들은 단골 고객이 있고, 예약 고객이 많고, 단위당 이익이 훨씬 높기 때문이다.

뜨내기 고객이 많고, 단위당 이익이 적어서 많이 팔아야만 유지되고, 예약보다는 즉흥적 선택이 우세하고, 소규모 자영업이 많을수록 눈을 끄는 간판은 필수 불가결하다. 관광지에 간판이 많은 이유이기도 하다. 미국이나 유럽 도시도 차가 씽씽 달리는 고속도로 부근이 되면 별다를 바 없이 크고 현란한 간판으로 호객 행위를 한다. 뜨내기를 상대로 하니 일단 눈길을 잡아야 하는 것이다. 그러니까 간판의 개수란 우리 소비문화의 자연스러운 표현이다.

예약 문화와 단골 문화가 정착하면 간판 개수는 줄어들기 마련이다. 최근 경향 중 하나가 개성 있는 작은 식당이나 카페가 번화가가 아닌 동네 깊숙이 자리하는 것이다. 과연 장사가 될까 싶지만 알음알음 입소문으로, 또 SNS를 통해서 예약하고 찾아오는 손님들이 꽤 있다. 이런 추세는 더욱 커질 것임에 틀림없다. 작은 간판만으로도 충분히 영업이 가능한 업소들이 늘 것이다.

그렇다면 간판이 줄어들 일 없을 뜨내기 동네들은? 많은 간판을 제대로 활용하는 디자인 문화로 발전시키면 된다. 간판이 많은 것 자체를 문제 삼을 게 아니라, 많아서 더 근사한 풍경이 되도록 매만지면 된다. 막연한 불만에 속지 말자. 공연히 대중문화를 깎아내리고 우리 특유의 문화를 폄훼하는 일일 뿐이다.

노점상을 없앨 순 없나요?

간판만큼이나 자주 문제가 제기되는 사안이 노점상이다. "길을 걸을 수가 없어요.", "보기 안 좋아요.", "가스통 쓰는 게 위험해 보여요." 하지만 이렇게 불만을 표하는 사람들도 노점상을 즐겨 이용하지 않을까? 적어도 노점상을 기웃거려봤을 것 같고, 뭔가 하나 사봤을 것 같고, 간단한 먹거리쯤은 사먹었으리라 싶다. 노점상은 도시의 일상에 깊숙이 들어와 있다.

간판이 우리 소비문화의 특색을 보여주는 것이라면, 노점상은 우리 거리문화의 특징 중 하나다. '가가假家(임시 집이라는 뜻으로 가게의 어원이고 노점상의 원조다. 특히 종로통에 가가가 연이어 섰다)'는 전통적으로 거리와 장터에서 허용되고 독려되던 거리 장치였다. 쉽게 펼치고 쉽게 접을 수 있으니 거리의 긴 공간에든 광장의 넓은 공간에든 비집고 들어가기에 맞춤이기 때문이다. 사실은 어느 해외 도시에서도 노점상은 빼놓을 수 없다. 동서를 막론하고 노점상은 거리를 생기 있고 활기차게, 맛있고 또 멋있게 만들어주는 장치다.

노점상은 민생 경제 효과도 상당하다. 자본 없는 장인과 예술인 들이 창의적인 상품으로 시장에 진출하고, 보통 사람도 창의적인 메뉴로 유목민처럼 여기저기 다니며 장사할 수 있게 해준다. 시장의 높은 진입 장벽을 낮춰주는 것이다. 노점상이 완전히 없어진다면 관광 효과는 절반으로 줄어들지도 모른다. 노점상 없이는 도시의 명소나 명물 거리가 유지되기 어렵기 때문이다. 노점상의 문화 효과도 상당하다. 도시인의 지친 마음을 달래주고 가난한 주머니 사정을 이해해준다. 길모퉁이의 포장마차 불빛 하나, 소주 한잔이 도시인의 정신 건강에 얼마나 큰 역할을 하는지 가늠할 수 없을 정도다.

그러나 노점상이란 분명 딜레마다. 지나칠 정도로 많아지면 문제가 불거진다. 공공 공간을 점유해서 보행권을 방해하고, 정당한

임대료를 내고 영업하는 인근 상점의 이익을 침해하고, 위생 관리가 부실하거나 안전 문제를 키울 수 있다. 또한 기업화로 권리금이나 상납 등 이권의 먹이사슬에 엮이기도 하고, 싸구려 불량 상품과 수입 상품이 범람하게 만들고, 평온해야 할 문화 유적지 앞에 떠들썩하게 자리 잡아 눈살을 찌푸리게 하기도 한다.

노점상 관리가 필요한 것은 현실이고, 사실상 답은 이미 마련되어 있다. 해외 도시에서도 많이 채택하는 방식으로 노점허가제 시행과 사용료 부과를 통한 공공의 품질 관리 방식이다. 문제는, 답을 알면서도 실천하기란 무척 어렵다는 것이다. 경기 상황, 노점상들이 처한 민생 현실, 철거 및 관리 과정에서 자주 발생하는 충돌 문제 등이 걸린다. 저간의 사정을 아는 시민들은 쉽게 불만을 토하기도 어렵다. 문제를 알고 해결 방식을 알면서도 우리는 가끔 실천하지는 못한다. 해결은 어느 지점쯤에 있을까?

주차장은 얼마나 늘려야 할까?

주차 분쟁은 층간 소음 다음으로 자주 나오는 문제다. 주차장도 제대로 갖추지 않고 집을 짓는다는 불만도 많고, 주차장 설치 기준이 실제 수요를 제대로 반영하지 못한다는 불만도 있다. 불법 주차 때문에 화재 진압이 방해받는 일도 허다해서 소방법을 강화해보지만 사각지대는 여전히 존재한다.

주차장이야말로 현대의 도시 시설에서 골치 아픈 문제 중 하나다. 현실적인 필요를 인정하더라도, 움직이지 않는 차를 위해서 그 큰 공간을 써야 하는지 근본적인 의문이 들지 않는가? 주차면 수를 얼마나 확보하느냐는 총량 문제만이 아니라 어디에 어떤 방식으로 설치하고 배치하느냐가 관건이다. 무작정 늘린다고 바람직한 것도 아니다. 주차장이 늘어날수록 자동차의 운행 횟수도 늘어나니 말이다. 도로를 넓히면 초기엔 정체가 해소되었다가 이내 더 막히는 현상과 비슷하다.

우리 사회의 자가용 보유율을 살펴보자. 가구당 자가용 보유율(2019년 국토교통부 통계)을 보면 한 가구가 1대 이상을 보유한 지역은 세종시가 유일하고, 다른 지역은 대개 0.8~1.0대 사이이며, 서울시가 0.59대로 가장 낮다. 서울이 가장 높을 것 같지만 그렇지 않은 이유는, 차를 소유하지 않아도 괜찮을 정도로 대중교통 이용이 편리하고, 주차 비용과 교통 체증 문제로 자동차 소유가 외려 거추장스럽고 부담스럽기 때문이다. 주차장 통계는 어떨까? 서울시의 주차면 수가 차량 수를 초과했다고 한 지 벌써 10년이 넘었다. 수치로만 보면 서울에 주차 문제가 없어야 할 것 같지만, 주거지역은 주차장이 부족하고 상업지역은 주차 수요가 폭증하는 시간대가 있으므로 아무리 주차장을 늘려도 그리 효과가 없다.

주차 문제를 해결하는 아주 간명하고도 효과 높은 조치가 있다. 주차장을 확보하지 못하면 자동차 등록증을 내주지 않는 차고지 증명제와 자동차 운행 횟수와 불법 주차를 줄이는 효과가 확실한 주차비와 범칙금 대폭 인상이다. 몇십 년 동안 거론되어온 이 조치를 왜 시행하지 못할까? 차량 증가로 몸살을 앓고 있는 제주도가 2019년 차고지 증명제를 전면적으로 실시했고, 서울시에서는 도심 진입을 줄이려고 도심 주차비와 범칙금을 꽤 올리는 등 일부 지역에서 시험적으로 시행되고 있지만, 일반적 적용은 아직도 멀었다.

주차장을 확보하려고 그동안 무리하게 건축 규제를 완화한 사례가 많다. 주차장 공급 대부분을 민간에 의존하기 때문에 생기는 일이다. 화재와 지진이 발생할 때마다 취약한 안전성이 드러난 '필로티 공법(건물 1층에는 기둥만 세우고 이 노출된 기둥들이 건물을 지지하게 만드는 공법)'을 도입한 것도 주차장을 확보하기 위해서였다. 다세대·다가구주택이 많은 주거지역은 1층이 다 주차장이 되어버려서 길이 예전과 달리 영 황량해지고 있다. 아파트 단지나 복합 개발 단지가 대규모화하는 이유 중 하나도 대형 주차장을 선호하기 때문이다. 고급 아파트는 한 가구가 주차 두세 면씩을 확보하는 걸 당연하다고 봐야 할까?

주차장이란 전형적으로 수요와 공급 그리고 유지 비용 변수가 작동하는 도시 시설이다. 무작정 늘릴 게 아니라 차를 소유하고 운행하면 그에 상응하는 비용을 지불하게 하는 체계가 필요하다. 차고지 증명제가 도입되면, 부족한 공공 주차 시설도 훨씬 더 늘어날 것이다. 주차장에 대한 질문은 바뀌어야 한다. "주차장도 갖추지 않고 건물을 짓나?"가 아니라, "주차장 사용증도 없는데 자동차 등록증을 내주나?"로.

같이 망해가는 상가 젠트리피케이션

정말 이상한 문제란 알면서도 고치지 못하는 문제다. 파국이 올 때까지, 심하게 말하자면 다 같이 망할 때까지 관성대로 끝까지 간다. 대표적인 경우가 상가 젠트리피케이션이다. 주택 젠트리피케이션도 문제지만 상가 젠트리피케이션은 도시의 경쟁력을 갉아먹는 현상이다. 동네가 유명세를 타기 시작하면 임대료를 천정부지로 올리니 원조 가게들이 버티지 못해서 나가고 그 자리에 높은 임대료를 감당할 수 있는 프랜차이즈 가게들이 들어선다. 그 동네만의 재미와 매력을 찾아서 방문하던 사람들은 점점 발길을 끊게 되고, 그러다 보니 대형 프랜차이즈 가게들조차 사업을 빼버리며 빈 상가가 늘고 거리와 동네가 몰락해버리는 과정이다. 상가 임대료 폭등은 젠트리피케이션 현상 중에서도 특히 처참하다. 그 결과가 바로 거리에 나타나기 때문이다.

이미 흥망을 목도한 사례들이 있다. 예컨대 서울 이태원의 경리단길과 강남의 가로수길이 뜨고 지는 과정은 너무 잘 알려져 있다. 이태원 변방의 뒷골목에 불과했던 경리단길(국군재정관리단에서 남산 그랜드하얏트호텔까지 경사가 급한 길)이 뜰 것이라는 예상은 별로 없었다. 이태원 메인 거리와 주변 상권은 항상 떠들썩해도 뒷골목에는 전혀 관심이 닿지 않았다. 작은 레스토랑과 카페 들이 싼 임대료를 찾아 들어오며 입소문으로 뜬 게 불과 5년 사이이다. 임대주와 새로 들어온 건물주 들이 임대료를 올리자, 하나둘 버티지 못하고 사업을 접고 떠나가며 동네가 비어가는 데 또 5년이 채 안 걸렸다. 10년의 흥망 사이클이라니, 참담하다.

강남 가로수길이 침체하리라 여겼던 사람은 없었다. 강남 한복판에 있거니와 워낙 유동 인구가 많고 입소문이 자자했고, 개성 있는 터줏대감들의 장사 솜씨가 일품이었기 때문이다. 그 명성을 이용하자고 들어선 게 외국 패션브랜드들의 대형 매장과 프랜차이즈 식당들이다. 고객들은 당연히 외면하기 시작했다. 굳이 가로수길까지 갔는데 어디에나 있는 가게에서 물건을 사고 밥을 먹어야 할 이유가 없지 않은가? 매력이 없는데 데이트하고 싶겠는가?

뜨는 거리, 뜨는 동네치고 이런 문제를 겪지 않는 데가 없다. 언제까지 이런 악순환의 사이클을 반복해야 하는지, 이것은 동네 상인들의 생존권에 관련된 문제일 뿐 아니라 도시의 상업 생태계의 건강성을 어떻게 유지하느냐의 문제다. 지역에 따라 자치단체가 나서서 건물주와 상인 사이에 상생협약을 맺도록 하는 등 노력을 하고 있지만, 보다 원천적인 조치 없이는 되풀이될 수밖에 없는 문제다. 이 현상은 정말 이상해해야 하는 현상이고, 근원적으로 바로잡아야 할 문제다. 건물주의 선의에만 기댈 수는 없고, 지자체 차원의 협정에만 의지할 수도 없고, 법과 제도로 틀을 마련해야 한다.

왜 금방 허물고 새로 지어요?

"해외 도시에서는 수백 년 된 건물도 잘만 쓰던데 우리는 왜 이렇게 빨리 허물고 다시 짓느냐?" 해외여행이 잦아진 후 시민들이 부쩍 많이 던지는 질문 중 하나다.

하나는 분명히 하자. 해외 도시에도 상당한 역사적 가치가 있어서 보수와 복원에 정성을 들이는 경우 외에는 수백 년 된 건물은 그리 많지 않다. 물론 100년 넘은 건물들은 상당히 많다. 파리, 바르셀로나, 뉴욕, 빈 등 서구 도시의 많은 건물들이 19세기 중·후반에 지어졌으니 족히 150년은 됐는데, 지금도 거뜬히 쓴다. 내구성 높은 석조와 조적조(벽돌로 쌓는 구조), 콘크리트 건물들이 많아서 구조만 남기거나 보강하여 설비를 현대식으로 바꾸고 내부 공간을 리모델링해서 쓴다.

사람들이 계속 쓰는 건물이라면 우리 사회에도 100년 된 건물들이 꽤 있다. 건물은 분명 사람보다 훨씬 더 수명이 길다. 그리 주목을 하지 않아서 그렇지 주변의 조적조 건물이나 콘크리트 건물들을 보면 일제강점기나 1960년대에 지은 건물들이 꽤 된다. 이들을 여러 방식으로 리모델링해서 쓰고 있는 것이다. 목조 건물이라 해서 오래 못 가는 것도 아니다. 중수 과정을 거치며 완전히 해체했다가 부재를 보강하여 다시 조립하는 방식으로 오래오래 쓸 수 있다.

예전에 지은 건물도 이러할진대, 상당한 품질과 밀도로 짓는 현대의 건축물은 훨씬 더 오래가야 옳다. 불과 20~30년 만에 허물고 새로 짓는 것은 아무리 봐도 이상한 일이다. 우리는 이유를 안다. 쓰지 못할 정도로 안전하지 않아서 허무는 것이 아니라 부동산 가치를 올리려고 그런다는 것을. '용적률'이라는 전문용어를 모든 국민들이 알게 되었을 정도로, 법적으로 지을 수 있는 최대한의 면적을 '뽑아내려고' 든다는 것을. 사유재산권 행사이니 그대로 놔둬야 할까? "불편하다, 수리비가 많이 든다, 주차장이 부족하다, 노후하다" 등의 불만을 곧이곧대로 받아들여야만 할까? 리모델링에 대한 사회 인식도 바뀌고 있고 각종 기술도 발달했는데, 고쳐서 쓴다는 분위기가 안착할 수는 없을까?

가만히 앉아서 사회의식이나 문화가 바뀌기를 기대할 수는 없다. 큰 개발 차익을 고대로 인정하는 제도가 존속하는 한 개발 차익을 얻으려는 세력은 부단히 갖은 꾀를 낼 테니 말이다. 서구 도시에서 오래된 건물을 고쳐서 쓰는 이유도 그들의 문화 수준이 높아서가 아니라 새로 짓기보다 고쳐 쓰는 편이 더 이익이 되기 때문이다.

이방인의 시각으로 보는 역량

위에서 언급한 의문들뿐이랴? 눈에 띄고 일상에서 자주 제기되는 문제를 주로 거론했지만, 이상한 사안들은 훨씬 더 많다. 예컨대 "왜 논두렁 밭두렁에 고층 아파트가 들어서는 걸까?", "왜 한국에는 트윈 건물이 많은가?(주로 외국인들의 질문)", "사전분양제도는 계속되어야 할까?", "신도시와 택지 개발에서 쓰는 토지수용제도를 계속 써야 할까?", "우리 신도시의 미래는 어떻게 될까?", "아파트 발코니는 왜 다 거실이나 방으로 확장할까?", "아파트 단지의 공동 관리에 비리가 자주 생기는 이유가 뭘까?", "층간 소음으로 인한 분쟁은 반복될 수밖에 없나?", "그린벨트는 꼭 지켜야 하나? 그린벨트를 왜 풀까?", "스마트 도시는 진짜 뭐가 다른가?" 등 하나하나 깊은 설명이 필요한 질문들이다.

많은 경우에 딱 부러지는 정답이란 없다. 좋은 답을 알더라도 도시라는 엉킨 현실 속에서 실천 자체가 어려울 수도 있다. 아직 때가 아닐 수도 있다. 특정 이익집단이 개입하면서 개선과 실천을 방해하고 있을 수도 있다. 수많은 사람이 이미 너무도 익숙하게 여겨서 바꿀 가능성을 전혀 찾지 못할 수도 있다. 그래서 변화는 어렵다.

그러나 계속 의문을 던지자. 이상하게 여겨보자. "뭔가 이상하긴 한데, 대충 눈감고 산다.", "뭔가 이상하긴 한데, 꼭 집어서 얘기할 수가 없다.", "그냥 남들 하는 대로 불만을 토한다.", "그냥 산다.", "하나하나 생각하려면 귀찮고 피곤하다." 이런 유혹을 이기자.

이상하게 여기는 시각은 아주 특별한 능력이다. 인지하고 식별하는 능력이고, 더 나아가 바꾸고 개선하는 역량이다. 일상을 너무도 당연해하는 것, 문제를 지적하지 않는 것, 그저 그 안에서 생존하기 위해 애쓰거나 갖은 꾀를 부리는 것으로는 절대 세상은 바뀌지 않는다. 우리는 질문하면서 변화의 단서를 찾는다. 이상하게 볼 줄 아는 이방인의 시각을 잃지 않고, 문제를 제기하고 해결 방법을 모색하는 시민의 태도를 잃지 말자. 좋은 도시적 삶으로 가는 길일 뿐 아니라 우리 자신의 삶에 지레 패배감을 갖지 않게 만드는 길이다.

4부

도시를 만드는 힘

도시의 미래는
낙관적인가, 비관적인가?
이 시대의 도시 만들기는
부정적인가, 긍정적인가?
엄청난 변혁이 일어나는 21세기 초의 세계에서
도시관 역시 큰 변화의 기로에 놓여 있는데,
우리는 어떤 선택을 할까?
거대한 수레바퀴에 휩쓸려 가는 것은 아닐까?
스스로 선택할 용기는 있을까?
도시가 유토피아는 아닐지언정,
디스토피아로 빨려 들지 않기를.

콘셉트 11

돈과 표:
이 시대 도시를 만드는 힘

도시 간 양극화·도시 속 양극화

□ ◇ ○ ✧

"도시는 모든 사람에게 무엇인가를 줄 수 있다.
도시란 모든 사람들에 의해서 창조되기에.
또한 도시가 그런 방식으로 만들어질 때에만."

(Cities have the capability of providing something for everybody, only because, and only when, they are created by everybody.)

– 제인 제이콥스, 『미국 대도시의 죽음과 삶』

이 책의 마지막 여정에 다다랐으니 좀 더 근본적인 질문을 해봐야겠다. 이 시대의 도시는 어떤 도전을 맞고 있는가? 당연한 일상으로 여기는 도시에서의 삶은 어떤 운명을 맞을 것인가? 이 시대에 도시를 만드는 힘은 무엇이고 또 무엇일 수 있나?

도시라는 존재는 인류의 생명과 함께하겠지만, 각각의 도시는 끊임없이 변화할 것이다. 그 변화는 어느 때보다도 엄청나고 또 복잡다단할 것이다. 폐허가 되어버린 오래된 도시의 유적을 찾으면 인간 사회의 무상함을 깨닫기도 하지만 상대적으로 단순했던 그 시대에 막연한 부러움이 생기기도 한다. 현대 문명 이전, 또는 대도시화 이전 시대에 대한 향수라고 할까? 물론 그 시대에도 인간이 만든 도시 문제들은 만만치 않았다. 다만 이런 부러움이 떠오르는 이유는 작금의 시대가 만들어놓은, 또 만들어갈 도시 문명에 대해서 불안감이 커지기 때문일 터이다.

지금 이 시대란?

21세기 초, 이 시대라 함은 어떤 의미일까? 세계 정치 구도의 변화, 첨단 기술 혁신, 글로벌자본화 가속, 사회 양극화 심화, 인구 변화, 저성장 시대, 기후 환경 변화까지 이 일곱 가지 변수는 우리 시대의 기저에 흐르는 구조적 변수다.

첫째, 세계 정치 구도의 변화. 불행히도 21세기를 연 사건은 뉴욕 월드트레이드센터에 가해진 9.11 테러였다. 불길한 징조였다. 불패라 보였던 패권 국가 미국에, 그것도 도시 중의 도시 뉴욕에, 세계 금융 패권의 심장부에서, 자본주의의 승리를 상징하는 100층 넘는 바벨탑이 속절없이 한순간에 와르르 붕괴하는 모습은 가히 충격이었다. 세계 질서가 얼마나 불안정한지, 안전하다는 믿음이 얼마나 모래성인지 깨닫게 되었다. 이후 세계 금융 위기, 유럽연합의 분열, 세계 각지에서 격화하는 분쟁, 최근의 미·중 무역 전쟁에 이르기까지 불안한 현상이 이어지고 있다. 자국우선주의와 보호무역주의가 엉뚱하게도 세계 최강국인 미국에서부터 시작하는 당혹스러운 현실이다.

둘째, 첨단 기술 혁신. '밀레니엄 버그'라는 기술 재앙 예측은 허구였지만, 4차 산업혁명을 부르는 인공지능, 바이오, 로보틱스, 자율적 기계 등의 기술은 SF 영화에서나 나올 것 같던 가공할 미래가 곧

도래하리라는, 때로는 장밋빛 때로는 잿빛 미래를 예고한다. 기술 혁신이 언제나 그러했듯 낙관만 할 수도 없고 넋 놓고 있을 수만도 없고, 그렇다고 원론적인 비판만 펼 수도 없는 것이 현실이다. 새로운 기술이 도시에 가져올 변화는 이루 말할 수 없을 터이다. 최근 온라인 쇼핑과 드론 택배 적용 가능성이 높아지면서 사람과 사람의 만남으로 이루어지는 도시의 거리가 과연 남아날 것인지 우려가 생기는 것처럼, 새로운 기술은 도시 풍경을 크게 바꿀 것이다.

셋째, 글로벌자본화 가속. 무역 분쟁과 보호무역의 등장에도 불구하고 글로벌자본화는 거스를 수 없는 거시적 파도다. 자본은 국가를 넘나들며 사냥과 약탈을 일삼으며 도시를 흔들어놓는다. 실제로 이 시대 도시에서 일어나는 변화는 글로벌 자본의 향방에 따라 크게 달라진다. 좋은 말로 하면 투자지만 실상은 투기적 성격이 농후하다. 최근의 부동산 개발, 특히 초고층, 최고급, 초대형 부동산 개발은 대부분 상위 1퍼센트를 위한 투자처가 되기 십상이다.

넷째, 사회 양극화 심화. 소득 양극화, 계층 양극화뿐 아니다. 도시의 양극화도 일어난다. 대도시는 더 커지고 작은 도시는 더 쪼그라들고, 부자도시는 더 부유해지고 가난한 도시는 더 가난해지는 현상이다. 소비 양극화, 주거 양극화, 교육 양극화 현상을 가만 놔뒀다가는 SF 영화처럼 1퍼센트 초상류층과 99퍼센트 빈곤층이 대결하는 디스토피아가 도래할지도 모른다.

다섯째, 인구 변화. 세계 일부에서는 여전히 인구 증가가 문제지만, 대부분 도시화된 나라에서는 출산율 감소, 인구 감소, 노령화가 이미 구조적 흐름이 되고 있다. 한 번도 경험해보지 못했던 문제다. 폭발과 팽창에 특화되었던 정책과 제도를 다시 들여다봐야 하고, 도시의 성장과 개발에 적합했던 정책과 제도 역시 원천적인 점검이 필요하다.

여섯째, 저성장 시대. 경제 선진국들조차 성장률 둔화뿐 아니라 마이너스 성장을 겪고 있다. 제2차 세계대전 이후 급성장을 거듭했던 사이클에 제동이 걸린 것이다. 4차 산업혁명에 기대를 걸고 있으나 구조적 변화 없이는 마땅한 돌파구도 없다. 고속 성장을 경험한 사회일수록 혼란을 겪으며 옛 영광을 그리워하지만, 현실은 현실이다. 저성장 시대에 삶의 질을 어떻게 유지해야 하는지가 새로운 과제가 된다.

일곱째, 기후 환경 변화. 반세기 이상 계속되어온 경고가 속속 현실화되고 있다. 북극이나 남극의 문제가 아니고, 해수면 상승으로 위협받는 지역만의 문제도 아니다. 기후 변화로 인한 기습 폭우, 국지성 호우, 잦은 태풍과 허리케인 등 자연재해가 화두가 된다. 미세 먼지가 환경문제로 대두되는 변화 역시 전혀 예견치 못했던 상황이다.

도시 간 양극화,
도시 속 양극화

이런 구조적인 변화들은 도시를 요동치게 만든

다. 새로운 각도로 봐야 할 여러 문제들 중에서도 도시 양극화는 가장 주목해야 할 문제다. 계층 문제는 언제나 있었지만 최근 진행되는 도시 양극화 문제는 과거와 다른 양상으로 펼쳐지기 때문이다.

'도시 간 양극화'는 안타깝게도 더욱 극명해질 확률이 높다. 몰리는 데는 더 몰리고 빠져나가는 데는 더 빠져나가는 현상이다. 20세기 광범위한 도시화 시대에 전개되었던 도시로의 인구 집중 현상과는 양상이 다르다. 농촌에서 도시로의 이주가 아니라 도시에서 도시로 이주하는 현상이 두드러진다. 작은 도시는 인구가 줄어들고, 대도시, 특히 대도시 권역에 인구가 크게 늘어난다. 가령 서울 인구는 서서히 감소하고 있지만 수도권 인구는 계속 증가해왔다. 이런 현상이 가속화하면 농촌뿐 아니라 지방의 작은 도시들도 소멸의 길로 갈 수 있다. 농촌뿐 아니라 도시에서도 늘어나는 빈집 현상은 급속도로 심각한 문제를 키울 수 있는 것이다.

'도시 속 양극화' 역시 심각하다. 재개발, 재건축, 초고층, 주상복합 개발이 이제는 단순히 주택 공급의 목적이 아니라 부가가치 높은 부동산 상품을 획득하는 수단이 되었다. 값비싸고 유지 비용이 많이 드는 아파트를 감당할 수 있는 고소득층과 자산 보유층이 증가하는 현실도 현실이려니와 잘나가는 도시의 도심 개발에서 한몫을 챙기려는 투자 또는 투기 행위가 이 현상을 부추긴다.

이러한 현상을 집중 분석한 책이 있다. 리처드 플로리다 교수가 쓴 『도시는 왜 불평등한가』라는 책이다. 전작인 『신창조 계급』에서 도시 경쟁력을 높이는 요소는 첨단산업, 미디어산업, 문화산업, 신

서비스산업을 주도하는 새로운 창조 계급의 유치에 달렸다고 주장하며 도심 부활과 도시 재생을 독려했던 저자는 창조 계급론을 통해 젠트리피케이션 현상을 방치하고 도시 양극화를 악화시켰다는 비판을 받았다. 플로리다 교수는 그 비판을 수용해 미국과 캐나다 도시들의 양극화 현상을 집중 연구했다. 그 결과 도시 간 양극화와 도시 속 양극화는 이미 상당히 진행되었으며, 도시 간 양극화 문제는 이른바 슈퍼스타 도시와 전통적 산업도시 사이에 큰 차이로 수준이 벌어지고, 도시 속 양극화는 부유층의 공간이 중산층과 빈곤층의 공간을 침범하고 약탈하는 방식으로 이루어지고 있다는 분석을 내놓았다.

세계화가 도시의 삶을 지구적 스케일로 망가뜨리고 있다는 문제를 제기하는 학자도 있다. 『축출 자본주의』를 쓴 도시사회학자 사스키아 사센이다. 그는 상대적으로 빈곤하고 정치적 불안정에 시달리는 나라들을 들여다보며, 탐욕으로 가득한 글로벌 자본이 지역의 무능하고 부패한 정치권력과 자본가와 유착하면서 지역 곳곳을 먹어치우는 현장을 분석한다. 그 과정에서 지역 주민들을 쫓아내고 삶의 현장을 파괴하는 행태를 낱낱이 고발하고 있어서 미래의 디스토피아가 고대로 그려질 지경이다.

남의 나라 일이기만 할까? 이런 현상은 이미 우리 도시들에서도 일어나고 있다. 다행히도 우리의 상황은 나은 편이다. 국토의 크기가 작아서 고밀 개발이 보편적이고, 도시화가 90퍼센트 이상 진행되었고(국토교통부 통계로 2010년 90.9퍼센트가 된 후 정착한 수치다.

도시화율이란 전체 인구 중 도시 지역에 사는 인구의 비율이다), 양호한 교통망과 함께 광역도시권이 형성되어 있고, 도농복합 지역이 섞여 있기는 하나 편리한 도시 서비스를 받는 지역이 많고, 여전히 불평등이 문제가 되나 우리나라의 불평등 지수는 세계의 열악한 나라들에 비해서는 비교적 양호한 편이기 때문이다. 지역균형발전과 지방자치에 대한 정책도 현장 실천이 미흡한 부분이 있으나 큰 명분으로서는 확고한 편이다.

그러나 우리 사회에서도 도시 간 양극화와 도시 속 양극화는 엄연한 현실이다. 당장 서울과 지방 도시, 수도권과 다른 광역권, 지방 광역시와 소도시 간의 격차가 눈에 띄게 벌어진다. 서울은 플로리다 교수가 정의하는 '슈퍼스타 도시'에 들어 있고, 광역도시권들은 성장하지만 주변 소도시와 읍 단위 농촌은 크게 뒤처진다. 이제는 개발이 가능한 곳이라면 어디에나 고급 개발이 치고 들어간다. 서울뿐 아니라 모든 광역도시에서 일어나는 현상이다. 도심과 도심 주변 지역을 선호하지만, 역세권과 숲세권(주변에 공원이나 녹지 접근이 쉬운 지역) 그리고 재개발과 대규모 개발이 가능한 지역이라면 어디에나 파고들어서 기존의 도시 생태계를 뒤흔들어놓는다.

세계화의 명암이 여기에 있다. 우리 사회에서 도시 양극화가 본격화한 것은 1997년 말 외환 위기 이후다. 여유 자본을 가진 사람들이 부를 축적할 수 있었던 시대다. 2008년 세계 금융 위기가 있었지만, 위기 때마다 힘들어지는 계층이 따로 있고 그 위기를 타고 더 큰 자산을 축적하는 계층이 따로 있다. 그냥 소득 격차가 아니라 자본

소득 격차가 벌어지고, 소득 격차가 아니라 자산 격차가 더 문제가 된다. 이 현상이 도시 내의 양극화로 쌓이고 도시 속 양극화는 자산 격차를 더 악화하게 만든다.

선택의 길목에서, 돈인가 표인가?

우리는 매우 중대한 선택을 해야 하는 길목에 있다. 도시 팽창과 고속 성장의 시대에는 고민하지 않던 문제들을 직면하고 있다. 문제는 훨씬 더 복잡하고 다기多岐하다. 관련되는 이해 집단도 다양하고 갈등 구조도 얽히고설켜 있다. 어떤 선택을 하든 이익을 보는 집단과 피해를 보는 집단이 생기니 갈등은 첨예하다. 의사 결정은 훨씬 더 힘들어지고 무턱대고 밀어붙일 수도 없는 환경이다. 게다가 이런 선택은 대부분 일개 도시의 결정권을 넘어선다. 지방자치를 하고 있지만 자치단체가 자율적으로 결정하기 힘든 국가 차원의 정책 이슈가 대부분이다. 근본적인 세금 정책, 부동산 관련 정책, 주택 정책, 소유 경제와 공유 경제에 대한 조율, 산업 배치에 대한 정책, 행정 권역과 선거 권역의 조정, 지방자치 단위의 조정, 지방 재정의 확충 등 하나같이 한 도시를 넘어서는 골치 아픈 문제들이다.

누가 이런 선택을 할 수 있을까? 문제는 '누가'가 명확치 않다는 것이다. 작금의 시대는 '주인이 모호한 시대'라 규정할 수 있다.

이 시대를 작동하는 근본적 동력이 '돈'과 '표'에서 나온다면, 돈과 표란 끊임없이 움직이는 것이기 때문이다. 돈에는 꼬리표가 없고 다수의 작은 욕망과 소수의 큰 탐욕이 얽혀 있다. 표에는 꼬리표가 달려 있는 듯 보이지만 끊임없이 흔들리는 게 표심이다. 대부분의 사람들이 돈과 표의 압력으로부터 자유롭지 않다. 모두가 일정 정도는 돈을 좇고 표를 좇는다. 또 돈과 표는 얽혀 있다. 때로는 결탁하기도 하고 서로 영향을 주려 하면서 서로의 영향권에서 벗어날 수가 없다.

우리는 이제 잘 알고 있다. 이익을 추구하지 않는 개발은 없다는 것, 그 이익은 다만 개발사나 건설사뿐 아니라 수요자나 투자자나 소유자나 주민들의 이익과도 통한다는 것, 더 나아가 표를 얻는 행위와 연결되어 있다는 것을 안다. 특정 공간을 만들고 복원하고 재생하고 꾸미는 행위가 순수하게 공공적인 목적 때문만은 아니라는 것도 안다. 특히 돈이 돈을 번다는 것, 돈이 표를 얻게 만든다는 것, 표가 돈으로 이어진다는 것도 너무 잘 안다. 씁쓸하지만 이런 현상을 부정할 수 없다는 것도 안다.

그러나 분명 인식해야 하는 것은 돈과 표로 움직이는 힘이란 결코 강력하지 못하다는 사실이다. 우리가 살고 있는 민주주의사회, 자본주의사회가 안고 있는 구조적인 제약이다. 그래서 문제를 알더라도 이익집단들이 갈등을 벌이는 가운데 소극적으로 대응하면서 중대한 선택은 미루는 경향이 있다. 말하자면 정치권력은 보이는 것과는 달리 무척 취약하고, 다른 의견들을 아우르는 정치력이란 생각만큼 잘 작동하지 않으며, 단기적으로 눈앞의 이익을 좇는 돈과 표가 떨치는 힘은 그에 비해 너무도 막강한 시대다.

내가 잠시 국회에서 일하던 시절에 소속된 상임위는 국토해양위원회(지금은 국토교통위원회)였는데, 가장 괴로웠던 시간은 법안 심의 때였다. 예산 심의 때에도 골머리를 앓기는 한다. 선심성이나 과시성 사업으로 의심할 만하더라도 지역에 대한 투자이니 큰 문제가 보이지 않는 한 가급적이면 눈감아주려 애썼다. 그런데 법안이란 그렇지 않다. 예산은 하나의 사업에 그치지만 법안은 관련 사업들에 광범위하게 영향을 미치고, 한 지역뿐 아니라 전국에 영향을 미치기 때문이다. 예컨대 많은 법안이 서울과 수도권의 특정 상황에서 비롯하지만, 그 법안 내용은 전국적으로 무차별하게 적용된다.

왜 이런 법안이 필요한지 의문이 나는 법안을 살펴보면 그 뒤에 어떤 이익집단이 있는지 딱 보인다. 이익집단이란 꼭 민간만이 아니라 공공 부문도 포함한다. 대표 발의자를 보면 어느 지역에서 비롯했는지까지도 딱 보인다. 그런 법안들일수록 재빠르게 심의에 오르고 빠르게 통과된다. 앞에 나서는 의원과 백업해주는 이익집단이 있으니 추진이 빠른 것이다. 그런가 하면 기본적인 정책을 다루는 법안이나 정책 방향에 대해 의견이 엇갈리는 법안에 대해서는 국회의원들의 관심도 낮고 따라서 뒷전으로 밀리고 그러다가 회기가 끝나며 폐기되는 경우가 허다하다.

대승적일수록, 기본적일수록, 발상의 전환이나 근본적인 변화를 이루려는 사안일수록 실천은 어렵다. 한 발을 떼기도 어려울 적

오만원
50000

이 많다. 우리가 사회에서 무수하게 목격하는 일이다. 당장 돈과 표가 걸린 일이라면 어떻게든 수면 위로 떠올리고 주목시키고 추진하는 현상과는 너무도 다르다. 포퓰리즘이 대세가 되고 금권정치가 극성을 부리는 것은 바로 이 때문이다.

돈과 표라는 근시안적인 힘을 넘어서는 더 큰 힘은 없을까? 근본적 이슈와 대승적 정책을 고민하게 만들 수 있는 계기는 없을까? 우리가 맞닥뜨리고 있는 사회적 문제들, 즉 도시 간 양극화, 도시 속 양극화, 인구 감소, 고령화, 빈집 문제, 젠트리피케이션 등이 더욱 악화하리라 전망하면서도 재앙적인 상황에 빠질 때까지 복지부동해야 하는 걸까?

디스토피아로서의 도시

'내가 살고 있는 동네, 도시 그리고 건물은 언제까지 유지될까?' 이런 질문을 할 용기가 나는가? 아예 질문을 하지 않고 살 가능성이 높다. '그냥 내 생애에는(또는 내 임기에는) 어떻게든 유지되겠지' 하는 막연한 생각으로 살 수도 있다. '내가 사는 이 동네에 갑자기 재개발 바람이 불면 어떻게 하지? 갑자기 이웃들이 재건축을 추진하자고 하면 어떡해야 하지?' 같은 걱정을 할 수도 있다(고백하자면 나도 가끔 이런 걱정에 사로잡힌다). '임대료를 올려달라면 또 어디로 가서 장사하고 어디로 가서 살아야 하지?' 같은 악몽에 시달릴 사람들은 또 얼마나 많을 것인가? 빈집이 가득하고 좀비와 유령이 나올 듯이 폐허로 변한 도시가 영화 속 장면만이 아님을 깨닫는 순간, 공포가 엄습하기도 한다.

20세기의 성취 중 하나라면 적극적이고 긍정적인 도시관都市觀을 보편화했다는 점이다. 지구적으로 도시화가 진행되었고 도시적 삶의 편리함과 안전함과 매력을 누리는 사람들이 대폭 증가한 시대였다. 19세기까지만 해도 전원과의 대비 속에서 도시가 일종의 '악惡'으로 그려지던 것과는 달리, 이제 도시살이에 대한 거부감은 취향의 문제이지 실존의 문제는 아니게 된 것이다. '유토피아로서의 도시'에 대한 가능성을 열어준 20세기였다.

21세기의 도시는 어떤 방향으로 전개될까? 여전히 도시적 삶은 대세가 되겠으나, 행여나 '디스토피아로서의 도시'가 대세가 되지는 않기를 바랄 뿐이다. 악이란 인간 사회의 한 부분이어서 도시가 디스토피아가 될 수 있음을 잊지 말아야 한다. 특히 보편적 수준을 누리기 힘든 소수에게는 도시가 악몽과도 같은 공간으로 변하는 것을 우리는 목도해왔다. 그런데 이제 도시가 극소수에게만 유토피아가 될 뿐 다수에게는 디스토피아가 된다면, 어떤 세상이 되겠는가? 도시가 유토피아가 되지는 못할지언정 디스토피아가 될 수는 없지 않은가?

콘셉트 12

진화와 돌연변이:
설계로는 만들 수 없는 도시

신도시 · 달동네

□ ◇ ○ ✧

"무無에서 무언가 유有를 창조할 때 우아함 따위는 잊으라.
제대로 작동한다면, 아름답다."

(When you create something out of nothing, forget elegance.
If it works, it's beautiful.)

– 케빈 켈리, 『통제 불능』

전문가로서 자주 질문을 받는 주제 중 하나가 '미래도시'다. 내게서 미래지향적 면모를 엿보아 그런지도 모르겠으나, 아마도 알려진 내 작업 중에 신도시가 있어서 그런 듯하다.

어떤 경우에나 도시를 만드는 행위란 근본적으로 미래지향적 행위다. 최소 5년 후에나 시작할 미래, 20여 년은 지나야 제대로 작동할 미래, 이후 100여 년 또는 수백여 년까지 이어질 미래를 만드는 것이다. 도시 구상에서부터 첫 입주까지, 인구 증가와 함께 핵심 콘텐츠들이 채워지고 각종 서비스들이 제대로 작동하고, 가로수가 우거질 때까지 그렇게 시간이 오래 걸린다. 오래 걸리는 만큼 한번 만들어진 도시는 오래 유지될 것이라 전제한다.

교육이 백년대계이듯 도시 역시 백년대계라 일컬어지지만, 아이러니하게도 도시계획은 과거 또는 현재의 문제를 고치기 위해서 세우는 경우가 많다. 예컨대 주거 문제를 해소하기 위해서 신도시를 만들거나, 교통 문제를 해소하기 위해서 새로운 도로와 각종 시설을 만드는 식이다. 말하자면 도시 만들기란 과거를 고치기 위해 미래를 그린다는 뜻이기도 하다.

완벽히 새로운 미래를 펼치기 위해서 도시를 만드는 경우가 있을까? 상상 속에서는 가능하다. 지구적 대재앙 이후 또는 대재앙을 대비하는 경우를 상정해볼 수 있다. 우주에 나가서 새로운 개척지를 만든다면 완전히 새로운 미래를 그리게 될 것이다. 통상적 거주지가 아닌 바다 위, 땅속, 하늘 위에 살아야 한다면 공간적으로나 사회 운영 측면에서나 완전히 다른 도시가 될 것이다. 우리가 SF 영화나 판타지 영화에 매혹되는 이유다. 과거와 단절하고 완벽하게 새로운 환경에서 '뉴 스타트New start'를 한다는 발상 자체가 매혹적이다. 그러나 완벽히 다른 세계에 놓인들 우리는 과연 과거의 경험으로부터 자유로울 수 있을까? 흥미로운 주제다.

미래도시냐 이상도시냐?

지금은 미래도시라는 말이 흔하게 쓰이지만, 인류가 미래도시라는 말을 쓴 역사란 기껏 100여 년에 불과하다. 독일에서 프리츠 랑 감독이 만든 불후의 명작, 〈메트로폴리스〉가 본격적으로 문을 연 셈인데 1927년에 개봉했다. 랑 감독은 1924년에 뉴욕을 방문하고 큰 자극을 받았다고 하는데, 맨해튼 자체가 일종의 돌연변이로 느껴졌을 것이다.

예전에도 도시 구상은 당연히 있었으나 미래도시라는 개념은 아니었다. 1장에서 소개했던 중국의 『주례』 「고공기」는 4000여 년 전에 만든 일종의 도시 규범서다. 과거에는 각 문화권마다 나름대로 도시 규범이 있었고 그를 적용하거나 또는 변용해서 도시를 만듦으로써 괜찮은 전범典範이 생기고, 다시 적용하고 발전시키며 퍼져나가는 식이었다.

서구에서 이상도시를 집중 구상했던 시대는 르네상스 시절이다. 흥미로운 것은 주로 '성곽도시'를 이상도시로 제시했다는 사실이다. 별 모양과 동그라미 형태가 이상도시로 그려졌던 것을 보면, 성의 방비에 주력했던 봉건시대의 마인드에서 나온 구상임을 알 수 있다. 〈이상도시La Città Ideale〉라 제목이 붙은 그림에는 완벽한 르네상스 스타일의 건축물들이 즐비한 광장과 거리가 등장한다. 마치 컴퓨터 그래픽 같은 느낌이 드는 그림이다. 질서와 양식에 관한 고전적인 마인드를 담은 이런 구상들은 자못 흥미롭지만, 어디까지나 권력의 입장에서 구상하고 도시 형태에 국한한 그 시대의 작품이다.

철학자도 이상도시 또는 이상 사회에 관한 구상을 펼쳤다. 토머스 모어의 『유토피아』에는 상상 속 섬의 지도가 등장한다. 19세기 초에 생시몽이나 푸리에 등 사회주의 사상가들은 사회운동으로서 이상도시 구상을 내놓았다. 노동자와 빈민을 위한 주거 혁명, 공동체로서의 삶을 구현하고자 하는 구상이었다.

메트로폴리스가 대세가 된 20세기에는 미래도시 구상이 줄을 이었는데, 본격적으로 건축가와 도시계획가 들이 나섰다. 파리의 초고층아파트 대개조, 바다 위에 세워지는 도시, 1마일(1.6킬로미터) 높이의 마천루, 땅에 고정되지 않고 움직이는 건물, 쉽게 조립하고 쉽게 설비를 교체하는 건축물, 식물이 온 건물을 뒤덮는 그린 빌딩, 한 지역을 완전히 덮는 돔 등 다채로운 제안들이 나왔다. 이런 제안들은 구조물의 혁신 가능성에 대한 상상을 촉발했을 뿐 아니라 SF 영화의 배경으로 등장하기도 했다.

이상도시나 미래도시 구상을 보면 과정이 생략된 채 '완전체' 또는 '완성체'를 그리는 성향이 있다. 이미지로 보여주기 때문에 그럴 수밖에 없을 것이다. 그러나 우리는 타임머신처럼 갑자기 시간을 훌쩍 뛰어넘어서 미래의 한 장면으로 들어가는 것은 아니다. 미래가 어떠한 모습이든, 그 미래로 가는 변화의 길이 있고 그 과정에서 수많은 선택이 이루어질 것이다. 이제 우리에겐 변화의 과정에서 어떤 방식을 택할 것인가 하는 문제가 남는다.

진화냐
돌연변이냐

모든 변화는 진화 또는 돌연변이에 의해 전개된

다. 물론 돌연변이 역시 진화 과정 중 하나다. 진화의 첫 출발이 돌연변이다. 효능을 입증하지 못한 돌연변이라면, 단발적인 돌연변이에 그칠 뿐 유전자에 각인되지 못하며 재생산될 수도 없다. 다만 진화와 돌연변이에는 분명한 차이가 있다. 진화가 천천히 일어나는 반면, 돌연변이는 홀연히 예측 불허로 발생한다. 진화는 집단적 선택으로 일어나는 반면, 돌연변이는 개별적인 돌발 행위에 의해서 일어난다. 진화가 지속 가능성이 있다면, 돌연변이는 홀로 소멸할 개연성을 안고 있다.

이런 생물학 관점으로 본다면, 도시는 진화일까 돌연변이일까? 진화로 변화하는 걸까, 돌연변이로 변화하는 걸까? 진화로 변화하는 게 바람직한가, 돌연변이에 의해 변화하는 게 바람직한가? 돌연변이는 어떤 조건에서 발생하며 도시는 어떤 조건에서 집단적 선택을 하게 되는 걸까? 흥미로운 질문들이다.

인류 역사상 도시는 진화와 돌연변이를 거듭해왔다. 자연의 힘에 순응하며 적절한 규모로 모여 살다가 도시국가로 발전했고, 이후 봉건도시, 방위도시도 있었고, 강력한 국가의 등장에 따라 수도가 등장하고 산업도시, 상업도시, 공업도시, 교통도시, 항만도시, 교역도시, 물류도시, 유흥도시 등 다양한 기능의 도시가 나타났다. 기술이 발달하고, 교역이 활발해지고, 교통수단이 발달하고, 산업이 다양해지고, 통신수단이 발달하면서 도시의 변화에 가속도가 붙었다. 수많은 돌연변이들이 있었고 그중에서 몇 가지를 선택하여 널리 적용하면서 도시는 진화해왔다.

도시에서 쓰는 공간 어휘도 진화와 돌연변이를 거듭해왔다. 익숙하게 썼던 공간 어휘 중에서 이제는 완전히 사라진 어휘도 있다. '성城'이 대표적이다. 성곽이 도시를 규정하던 시대는 지나갔다. 성곽 복원을 한다면 향수로서의 가치 때문이지 도시를 방어하기 위함은 아니다. 물론 성의 속성인 자기 보호와 폐쇄성은 다른 형태로 나타난다. 아파트 단지나 복합 단지 개발, 캠퍼스 등에서 나타나는 담장 쌓기와 진입 통제는 성의 기능을 재현하는 셈이다.

현대 건축을 낳은 최고의 돌연변이 아이템은 '수세식 화장실'과 '엘리베이터'일 것이다. 두 가지가 없었다면 건물이 그리 커지지도, 높아지지도 못했을 것이다. 철골구조, 내진 기술, 풍압 예방 기술, 난방 기술, 공기조화 기술, 설비 기술 등 수많은 기술이 뒤따랐지만, 건물의 규모를 키우고 높이려는 마음을 처음으로 먹게 만든 것은 단연 화장실과 엘리베이터다. 볼일을 해결하러 밖으로 나갈 필요가 없고 높은 층으로 쉽게 올라갈 수 있으니 말이다. 처음엔 신기해하다가, 쓰다 보니 그리 편하고, 드디어 집단적으로 선택하게 되면서 다른 변화들을 촉진했다. 화장실 혁명이 실내에서 물을 마음대로 쓸 수 있게 만들었다면 부엌은 불을 마음대로 쓰게 만든 혁명이다. 집의 혁명이란 부엌과 화장실의 혁명으로 이루어졌다. 이렇게 하나의 작은 변화가 더 큰 변화를 만들어내는 일은 진화적 변화와 돌연변이적 변화가 서로 영향을 주고받음으로써 가능해진다.

IT 기술이 비약적으로 발달하던 초기에 나왔던 예측이 있다. 시간과 공간의 제약이 없어지면 더 이상 도시 집중 현상이 일어나지 않으리라는 예측이었다. 보기 좋게 틀렸다. IT 발달은 외려 대도시 집중화를 부추겼고 도심의 부활을 가져왔다. 기술뿐만이 아니라 관련 서비스산업이 커지고 그에 필요한 인재들이 모여들고 그들의 활동에 적합한 새로운 공간이 필요해지면서 도심 거주, 도심 오피스, 생활 서비스의 집약을 불러온 것이다. 그만큼 변화란 예측 불허의 방향으로 전개된다.

지금도 또 다른 변화를 모색하는 수많은 시도들이 있다. 그것들이 하나의 돌연변이에 그칠지 아니면 진화의 선택으로 자리 잡을지 미리 알기는 어렵다. 이왕이면 혁명적 진화로 가는 돌연변이들이 나타나기를 바란다. 도시를 구하고, 인류를 구하고, 지구를 구하는 혁명 말이다. 에너지 혁명, 쓰레기 혁명, 소재 혁명, 생태 혁명, 바이오 혁명 등 가능성은 무한대다. 가끔 상상하건대 물을 쓰지 않는 화장실이 나온다면 엄청난 혁명이 될 터이다. 우리가 당연히 여기는 수세식 화장실에서 사용하는 엄청난 물의 양을 줄이면 물 낭비와 수질 오염 문제는 크게 개선될 것이다. 에너지 혁명과 생태 혁명에 기대하는 바는 또 어떠한가. 건물은 주로 에너지를 소비하는 주체로 여겨지지만 이들이 에너지를 생산하는 주체로 바뀔 수 있다면! 도시는 자연을 약탈하는 주체로 여겨지지만 만약 자연 생태를 보전하고 증폭하는 주체로 바뀔 수 있다면! 꿈으로만 그칠 혁명은 아니다.

신도시 vs.
달동네

우리가 만들고 있는 신도시와 우리가 만들었던 달동네의 도시 만들기 방식을 한번 돌아보자.

내가 달동네를 자주 찾고 이야기하는 이유를 사람들이 궁금해 한다. 낙후하고 볼품없고 열악한 동네에서 무엇을 찾으며 무엇을 이야기하고 싶은 것인가? 역사 속의 고난을 회고하고, 저소득층의 힘든 삶에 공감하고, 여전히 살아 있는 동네의 맛을 느끼거나 또는 최근 도시 재생으로 새로 태어나고 있는 달동네(대표적으로 서울 낙산 주변 동네들, 부산 산복도로에 있는 감천문화마을과 비석문화마을 등)의 흥미로운 장면들을 만나러 가는 것만은 아니다. 나는 달동네에 갈 때마다 '설계해서는 만들 수 없는 도시'라는 개념에 매혹된다.

전문가 활동으로 나도 참여해서 만들어온 이 시대 신도시들에 대해서 스스로 의문을 거둘 수 없다. 의지와, 목적과, 지식과, 분석과, 기획과, 계획과, 설계로 만든 신도시. 그런데 그를 바라보는 마음은 흔쾌하지 못하다. 물론 신도시들은 주택 공급, 신산업 유치 등 필요한 역할을 수행했고 환경도 상대적으로 좋은 편이다. 살기 편하고, 쇼핑하기 쉽고, 공원도 많고, 걷기 좋은 데도 많다. 일터와 멀리 떨어져 통근길은 지옥 같더라도 학생들이 통학하기는 편하다. 사람들이 편리한 생활에 대한 고마움과 외곽에 유배당한 듯한 기분 사이에서 갈등하거나, 신도시의 삶을 베드타운으로만 여기지 않으리라 기대해본다. 20여 년 익어가면서 자란 나무들이 푸르름을 드리워주고, 상가도 제법 분위기가 생기는 모습이 반갑기도 하다. 다만 '설계해서 만드는 도시의 한계란 여기까지인가'라는 의문에서 벗어나기가 어렵다. 솔직한 고백이다.

우리 신도시들이 보여주는 가치들은 '컨트롤, 프로그램, 계획, 박스, 위생, 클린, 외부에 대한 견제, 확실한 거리 두기, 미리 다 정해 놓기, 꽉 채우기, 여백 안 두기, 튀지 않고 무난하게 잘 가꾸기, 집합적 일체성' 같은 것들이다. 그래서 시간이 지나도 그리 흥미롭지 않고 단조롭다. 무엇보다도 어느 신도시를 가나 대개 엇비슷하다. 모든 것을 면밀하게 짜놓아야 한다는 '경직된 마스터플랜 마인드'에 녹아 있는 가치들이다.

이 시대 신도시에 빠져 있는 가치는 어떤 것들일까? '복잡성, 비예측성, 돌발성, 즉흥성, 다양성, 의외성, 개별성, 변화, 개성, 정조情調' 같은 것들이다. 나는 이런 가치들을 달동네에서 발견한다. 그래서 마음이 갑갑해지면 달동네로 향한다. '달동네'란 드라마에서 유래된 이름이다. 좌절이 온다 해도 달에 소원을 비는 낭만적인 의미로 들리지만 못산다는 이미지 때문인지 정작 주민들은 그리 달가워하지 않는다. 산동네라는 말을 더 많이 쓰지만 나는 여전히 달동네라는 이름의 함의가 좋다. 무언가를 소망하는 의미가 좋아서 해외에 우리 문화를 소개할 때 포함하곤 한다.

과연 전문가가 나서서 설계했더라면 달동네를 그렇게 그려낼 수 있었을까? 달동네는 일종의 집단적 문화 유전자가 발화되어 자발적, 자율적으로 생긴 공간이다. 생존을 위해 필요로 하는 최소한의 기준이 있었고, 필요한 기능을 가장 경제적인 방식으로 만들고, 보통 사람이 최소의 도구로 만들 수 있는 방식을 채택했다. 그럼에도 불구하고 최소한으로 원하는 것들(햇볕, 바람, 방수, 배수, 소방 등)을 해결하기 위한 지혜를 짜냈다.

그래서 길은 능선을 따라서 천천히 지그재그를 그리며 서서히 오르게 하고, 중간중간에는 빠르게 오르내릴 수 있는 가파른 계단을 만든다. 집은 능선을 따라 생긴 길을 따라 가지런히 서서 전체적으로 산 형태를 고대로 따라간다. 판자와 목재와 벽돌과 시멘트 등 값싸고 다루기 쉬운 재료가 채택되었음은 물론이다. 그 작은 공간 안에도 마당은 있다. 어쩌다 생긴 여유 공간에는 나무도 심는다. 집 앞과 대문 위에는 온갖 화초와 채소를 심은 소박하고 실용적이며 창의적인 화분들이 놓인다. 하나하나는 다르지만 전체적으로는 통합된 풍경을 이룬다.

초기의 풍경은 시간이 지남에 따라 바뀐다. 좀 더 큰 건물로, 좀 더 높은 집으로, 전기와 가스와 수도가 들어오고, 개별 화장실도 생기고, 마을버스가 생기고 순환도로도 생긴다. 회색이었다가, 알록달록한 색깔을 입었다가, 타일과 벽돌이 들어왔다가 샌드위치 패널이 들어왔다가 좀 더 고급스러운 금속 패널도 입혀진다. 똑같은 모양의 물탱크가 한꺼번에 들어섰다가 없어지기도 하고, 서로의 집 지붕을 테라스처럼 사용하기도 하고, 대문과 계단과 골목길을 공유하기도 한다. 전체의 패턴은 그대로 유지된다. 이런 변화를 보여주는 기

록 사진들이 있다. 외양은 변화하되 문화 유전자는 지속되는 것, 이것이 진화가 아니고 무엇이랴?

달동네는 설계해서는 만들 수 없는 공간이다. 건축가 없는 건축, 도시계획가 없는 도시의 정석이다. 필요한 대로 생기고 필요한 대로 변한다. 그러면서도 도시를 이루는 기본적인 룰은 크게 바뀌지 않는다. 개별적인 변화와 다양성과 즉흥성과 의외성이 흥미진진하다. 그렇게 50년, 60년, 70년을 살아내는 생명력을 유지한다. 과연 우리가 만든 신도시들은 이럴 수 있을까?

'설계로 만들지 못하는 도시'의 원칙을 어떻게 만들까?

물론 이 시대에 도시 설계를 포기하자는 것은 아니다. 포기할 수 있는 것도 아니다. 다만 진화와 돌연변이를 자연스럽게 또 창의적으로 일어나게 하는 방식이 무엇인지에 대한 고민은 절실하다. 오늘날의 신도시가 창의성과 상상력을 그리 자극하지 못한다는 사실, 수많은 개별 행위자들의 자발성과 자율성을 발휘하지 못하게 하는 상황, 특히 시간에 따른 변화에 취약하다는 속성은 여러 조건들이 빠르게 변화하는 미래를 고려할 때 꽤 우려되는 점이다. 좀 더 많은 개별 행위자들의 자유 행위를 독려하고, 좀 더 변화에 유연하게 대응하고, 좀 더 돌연변이적 혁신이 발생하기를 촉진하면서도 도시로서의 근본적 틀을 유지하고, 도시 자체가 진화할 수 있는 설계란 불가능한가?

신의 창조 또는 생명의 창조에 비유해보자. 신은 결코 최종 상태를 미리 그려놓지 않는다. 생명은 자신의 동기를 가지고 끊임없이 진화한다. 애초에 어떤 룰rule을 만들어놓느냐가 창조의 핵심이다. 도시 역시 마찬가지다. 도시를 만드는 행위란 모든 것들을 하나하나 최종 상태로 설계해놓는다는 것이 아니라, 도시가 작동할 수 있는 기본 원칙을 세팅한다는 뜻이다. 돌연변이를 거듭하며 진화가 이루어질 수 있는 도시의 기본 원칙을 어떻게 디자인해야 할까?

이 장을 시작하는 인용구의 뜻을 새겨본다. "무에서 무언가 유를 창조할 때 우아함 따위는 잊으라. 제대로 작동한다면, 아름답다." 생명의 본질, 생성의 본질, 복잡 질서의 본질, 변화의 본질, 창조의 본질을 일깨우는 말이다. 도시는 그렇게 작동되며 진화하는 창조의 대상이다.

에필로그

도시 이야기, 포에버!

이 책을 읽으며 자신의 삶과 대비해본 독자는 훨씬 더 많은 의미를 찾으셨을 듯하다. 실제로 도시는 우리의 삶에 대해 수시로 생각할 점을 던져준다. 혹시 다음과 같은 질문을 스스로 떠올리셨을까?

"타인이 풍겨 오는 익명성을 어떻게 대할 것이며, 나는 나를 어떻게 표현할 것인가?", "조여 올 듯한 권력의 존재에 대해서 어떤 태도를 취할 것인가?", "왜 어떤 것은 기억하려 애쓰고 어떤 것은 지우려 애쓸까?", "가슴 뛰던 첫 경험의 떨림을 어떻게 유지할 수 있을까?", "다른 문화를 체험하며 무엇을 얻고 싶은 걸까?", "나는 어떤 스토리텔링을 하고 싶으며 또 할 수 있는가?", "공간에 심어진 무언의 메시지에서 자유로울 수 있을까?", "'돈의 신'에 가위눌리지 않고 살려면 어떤 태도를 가져야 할까?", "인생을 살아갈수록 커지는 '부패에의 유혹'을 어떻게 견딜 것인가?", "나도 이방인의 신선한 시각을 유지할 수 있을까?", "어떻게 하면 '돈'과 '표'에 속지 않을 수 있을까?", "나는 어떤 방식의 변화를 만들어갈 것인가?"

나는 잠깐 머물다 가지만 이 도시는 영원할 것이라는 믿음이란, 그 자체로 기분 좋다. 물론 이 믿음은 허망할 테지만 그래도 지금 이 순간 그리 느낄 수 있다면 그 자체로 충분히 의미 있지 않은가?

로마를 흔히 '영원한 도시The Eternal City'라 일컫는다. 로마제국의 영광과 가톨릭 신을 기리는 표현일 것이라 여기지만, 실제 이 말은 로마제국이 떠오르기 이전이자 가톨릭이 국교로 채택되기 훨씬 이전인 기원전 1세기에 티불루스라는 로마 시인이 쓴 시구(이탈리아어로 La Città Eterna)에서 비롯했다. 이 말이 주는 느낌이 좋았던지, 그 이후에도 오비디우스나 베르길리우스 등 유명한 시인들이 이 표현을 즐겨 썼고 어느덧 로마의 대표 이미지가 되었다.

영원한 도시라는 표현은 순수하게 도시를 예찬하는 마음에서 시작되었을 것이다. 당대 도시의 전설이었던 아테네보다도 더 파워풀한 도시 로마, 권력자들이 치열한 쟁투를 거쳐 권력을 차지하고 공공 봉사의 정신으로(물론 권력 과시를 위한 것이기도 했지만) 세우는 포럼과 신전 같은 웅장한 공간에 환호하는 시민들의 마음을 제대로 잡아낸 시구였을 것이다. 영원한 도시라니, 얼마나 설레는가? 인간이 스스로 필멸하는 존재임을 의식할수록 영원불멸한 그 무엇에 대한 희구는 높아지는 법이다.

물론 도시들은 결코 영원하지 않다. 지구의 멸망까지 상정하지 않더라도, 인류 문명의 변화를 봐도 그렇다. 인간에게 생로병사가 있다면 도시에는 흥망성쇠의 흐름이 작용한다. 2000년 전 세계의 도시 구도, 1000년 전의 도시 구도, 500년 전의 도시 구도, 100년 전의 도시 구도를 보면 얼마나 많은 도시들이 태어나고 번성했다가 스러졌는지 알 수 있다. 경제 활동 양상, 지역 패권의 향배, 사회체제의 변화, 산업구조와 유통구조 변화, 자본의 흐름, 인구의 이동에 따라서 도시는 흥망성쇠를 거듭하는 것이다.

작금은 변화의 속도가 더 빨라진다. 테크놀로지와 세계화라는 거대한 변수는 폭풍처럼 세계를 휩쓴다. 도시는 아주 어렵게 흥하고 너무 쉽게 무너진다. 슈퍼 도시는 더욱더 커지고 작은 도시들은 소멸의 길에 들어서기도 한다. 양극화는 세계 속에서도, 한 나라 안에서도, 도시 속에서도 진행된다. 도시 문제는 더 복잡해지고 도시는 더욱 큰 문제 복합체가 되어간다. 문제 하나를 고친다고 나섰다가 다른 문제들로 번지는 경우가 허다하다. 도시 문제는 사라지기는커녕 더욱 새로운 양태로 더욱 복잡한 양상으로 전개된다. 유토피아보다 자칫 디스토피아의 도래가 더 우려되기도 한다. 도시의 불멸성에 의구심이 드는 이유다.

도시는 영원하지 않겠으나 도시 이야기는 영원할 것이다. "너는, 어디에 가든, 폴리스가 될 것이다." 한나 아렌트가 전해준 페리클레스의 말이 주는 뜻이 좋다. 우리는 어디에 있든 폴리스를 만들며 살 것이다. 폴리스는 어디에나 있을 수 있다. 그래서 더욱 도시적 삶의 지속을 가능케 하는 '도시적 콘셉트'를 익혀야 할 것이다. 익명성, 권력, 기억과 기록, 예찬, 대비, 스토리텔링, 코딩과 디코딩, 욕망과 탐욕, 부패에의 유혹, 현상과 구조, 돈과 표, 진화와 돌연변이. 이 콘셉트들을 우리의 도시에서 어떻게 해석하고 녹여내느냐에 따라 우리의 도시 이야기는 풍요로워지고 우리의 도시적 삶은 풍성해질 것이다.

나는 도시에서 인간의 밑바닥도 보지만 인간의 무한한 능력도 본다. 도시에서 위대한 만남을 목격하고, 운명과도 같은 큰 흐름을 읽는다. 도시라는 무대에서 인간이 펼치는 드라마를 보고 즐기고 또 의미를 찾는다. 무엇보다도, 나는 도시에서 살며 도시 이야기를 계속한다. 도시 이야기, 포에버!

부록: 도시 주제에 관한 추천 도서

도시를 다룬 책을 더 읽고 싶다면 다음에서 소개하는 책들을 권한다. 도시에 관한 대중적인 책이 그리 많지는 않다. 도시 주제는 정치·경제·사회·행정·문화·예술·과학·기술·건축·역사·문학 등 다양한 분야에 걸쳐 있으므로, 도시만을 다룬 책을 따로 꼽는 것보다 각 분야의 책에서 도시에 관한 통찰을 살펴보는 것도 흥미로운 일이다.

여기에 추천하는 책들은 영양가도 높거니와 읽는 즐거움이 가득하다. 고전의 반열에 오른 책도 많다. 도시계획을 정통으로 다룬 책은 대체로 그리 재미있지는 않은데, 전문가에게는 유효한 정보를 담고 있을지라도 도시 이야기를 전해주는 데는 한계가 있기 때문일 테다. 그래서 에세이의 전개로 도시 이야기를 들려주는 책을 골랐다.

예전과 달리 전문 도서들이 꽤 번역 출간되고 있는데, 기쁜 일이다.

우리 도시를 다룬 책이 점점 더 많이 나오는 현상은 정말 반갑다. 그만큼 우리 문화가 깊어지고 풍성해지고 있다는 징조다. 서울뿐 아니라 각 지역의 도시를 오랜 시간 동안 깊이 연구해서 나오는 책이 늘어나니 각기의 역사적 배경, 도시적 상황 그리고 도시 문화를 파악할 수 있다. 고맙다. 앞으로 더 많은 책이 나오리라 기대한다.

(도서명, 저자명, 초판 출간 연도 순으로 표기. 국내 미출간 도서는 원문 표기)

『세기말 빈』, 칼 쇼르스케(1961)

도시를 다룬 클래식 사이에서도 최고의 책 중 하나로 손꼽히는 퓰리처상 수상작이다. 빈을 중립국 오스트리아의 그리 크지 않은 도시, 영화 〈비포 선셋〉의 배경이 된 도시 정도로 여기지만, 빈은 한때 독일 전체를 호령했던 합스부르크 왕조의 수도였다. 19세기 말, 20세기 초의 세기말 현상을 겪은 유럽 도시 중에서도 빈은 드라마틱하다. 링슈트라세 개발에 표출된 허영과 번영의 도시 분위기에서 화가 클림트, 정신분석학자 프로이트, 건축가 오토 바그너, 문학가 슈니츨러, 음악가 쇤베르크 등 다양한 분야의 거인들이 어떤 트라우마를 겪고 어떤 지적 탐구와 예술적 향연을 벌이며 빈의 도시적 삶을 구성했는지, 흥미진진하게 펼쳐진다.

『바다의 도시 이야기: 베네치아 공화국 1천년의 메시지』, 시오노 나나미(1980)

베네치아에 대한 책으로, 하나의 도시가 얼마나 많은 것을 품고 있는지 제대로 보여주는 책이다. 로마와 카이사르와 마키아벨리에 대한 편애를 감추지 않는 저자인지라 그의 다른 저작을 읽다 보면 은근히 거북해지는 경우도 적지 않지만, 이 책만큼은 그런 거북함 없이 도시를 통째로 이해할 수 있다. 지금은 낭만적인 관광도시로 읽히는 베네치아가 어떻게 한때 지중해의 패권을 다투던 도시국가였을 수 있는지,

어떻게 그 영광을 800여 년 동안이나 유지할 수 있었는지, 어떻게 운하로 이루어진 바다의 도시가 만들어지게 되었는지, 베네치아의 탄생과 성장과 패권 쟁탈과 쇠락이 고스란히 보인다. 도시로서의 베네치아는 기적이다.

『모더니티의 수도, 파리: 자본이 만든 메트로폴리스 1830-1871』, 데이비드 하비(2003)

내가 무척 존경하는 학자인 데이비드 하비는 전방위 지식인으로서 도시지리학, 정치경제학, 사회문화이론을 넘나들며 수많은 저작을 펴냈는데 이 책은 그중 특이하다. 파리라는 하나의 도시, 그 도시의 개발 역사 중에서도 가장 뜨거웠던 19세기에 집중한 책이기 때문이다. 어떤 이에게는 영광으로 기억되는 시대가 폭력과 탐욕, 약탈과 빈곤으로 점철되기도 했음을 절절하게 보여준다. 흔들리는 권력과 귀족 계급 그리고 떠오르는 자본가와 개발자가 담합하는 모습, 그 와중에 소외되는 노동자 계층과 빈민층의 행태를 박진감 있게 그린다. 오늘날의 파리를 만들었다고 평가받는 오스만의 화려하고 거대한 개발계획이 파리의 왜곡된 지리적 구도를 만들기도 했음을 지적하는데, 책 전체에 걸쳐 나오는 당대 화가 도미에의 그림이 당시 파리의 도시 풍경과 인간 군상을 생생하게 보여준다.

『미국 대도시의 죽음과 삶』, 제인 제이콥스(1961)

불멸의 고전으로 꼽히는 책이다. 『여자의 독서』에서 내가 제인 제이콥스를 멘토로 삼은 연유를 상세하게 썼는데, 나뿐 아니라 전 세계의 정책인, 정치인, 행정가, 시민에게 도시 멘토가 되어주는 인물이 제인 제이콥스다. 제목에 미국 도시란 말이 들어 있지만, 책은 어떤 도시에도 적용할 수 있는 중요한 가치를 설파한다. 책상머리가 아니라 현장에서 갈고닦은 통찰을 바탕으로 대중의 언어로 도시의 생생한 메커니즘을 들려주어서 읽기 아주 편하다. 제인 제이콥스는 반(反)도시적인 도시 개발을 비판하며 진정 도시적 삶을 이룰 수 있는 원칙을 제시한다. 사람, 삶, 스트리트 라이프, 동네, 거리의 중요성에 대한 저자의 논지를 읽다 보면 도시에 대한 애정과 함께 희망도 피어오른다.

「The Power Broker: Robert Moses and the Fall of New York City」, Robert A. Caro(1974)

이 책이 우리 사회에서 번역될 가능성은 아주 낮을 듯하다. 뼛속까지 미국 이야기이기 때문이다. 불세출의 파워브로커였던 뉴욕의 로버트 모지스의 일대기를 그린 책이다. 앞에서 언급한 제인 제이콥스와 반대편에 있던 인물로 모지스가 펼친 정책을 제이콥스는 거리에서 맞서 싸웠다. 마치 마피아 이야기처럼 20세기에 벌어진 뉴욕의 도시 개발에 얽힌 비열한 파워게임을 생생한 필치로 그린 이 책으로 작가는 퓰리처상을 받았다. '파워브로커'란 선출직이 아니면서도 선거와 정치 과정을 통해 정치인을 손아귀에 넣고, 아무리 정권이 바뀌어도 자자손손 이권과 자리를 유지하는 자들을 일컫는다. 이 시대에는 또 얼마나 많은 파워브로커들이 있을까?

「행복의 건축」, 알랭 드 보통(2006)

건축애호가로 알려진 철학자이자 소설가가 쓴 책으로 색다른 관점이 매력이다. 담백한 문체, 감성을 떠올리는 묘사, 마음을 건드리는 의문, 호기심을 불러일으키는 전개 등. 건축에 입문하고 싶어 하는 사람이나 분야의 덫에 빠져 있는 전문가들에게 자주 권한다. 건축은 정말 행복을 위한 것인가, 좋은 건축은 사람들을 행복하게 만드나, 좋은 건축이란 왜 그리 귀한가, 그럼에도 우리 마음에 다가오는 좋은 건축의 속성은 무엇인가 등의 의문을 따라 이야기가 펼쳐지는데, 쉽게 읽히지만 길게 마음에 남는 책이다.

「아파트 한국사회: 단지 공화국에 갇힌 도시와 일상」, 박인석(2013)

오랫동안 주거지 계획, 공동주택 단지 계획에 참여해온 혁신 지향적인 건축학자가 쓴 책으로 우리나라 아파트에 대한 거의 모든 것이 담겨 있다. 아파트 도입, 아파트 평면의 변천사, 아파트 발코니에 얽힌 이야기, 아파트 입면이 단조로운 이유, 대단지가 생기는 이유와 문제점, 공동주택의 미래에 대한 제언 등 이 책 한 권이면 우리 사회의 아파트를 총체적으로 파악할 수 있다. 그중에서도 대규모 단지가 얼마나 우리 도시의 삶을 망치고 있는지, '단지 공화국'을 비판하는 내용이 설득력 있게 펼쳐진다.

『아파트 공화국: 프랑스 지리학자가 본 한국의 아파트』, 발레리 줄레조(2007)

프랑스 지리학자가 우리나라 아파트 현상을 이상하고 신기하게 여겨, 분석 끝에 '아파트 공화국'이란 말을 붙였다. '왜 이리 많은가? 왜 이리 인기가 높은가? 왜 이리 비싼가?'라는 세 가지 기본 의문으로 시작했다. 프랑스의 현실은 우리와 달리 고층 아파트가 그리 많지도 않고, 그리 인기가 있지도 않고, 그리 비싸지도 않기 때문이다. 권력이 체제를 유지하기 위하여 보통 사람들의 욕망을 자극하고, 그 욕망을 보편적으로 만족시킬 수 있는 수단으로써 한국에서는 아파트가 사용됐고, 그렇게 아파트 공화국이 되었다는 분석이다.

『바벨탑 공화국: 욕망이 들끓는 한국 사회의 민낯』, 강준만(2019)

치열한 사회비판적 시각과 통렬한 필치로 잘 알려진 저자다. 그는 이 책에서 우리 사회의 계급 상승에 대한 욕망을 '바벨탑'에 비유하며 초집중화, 사회 양극화, 젠트리피케이션, 갑질, 지방 도시의 몰락, 교육 불평등, 님비 현상, 진전 없는 소셜 믹스 등의 문제를 낳는 근본적 구조를 개혁할 것을 촉구한다. 고개가 끄덕여지면서도 과연 이런 구조적 문제를 고칠 수 있는 동력이 우리 사회에 있는가 하는 의문도 떠오르게 만든다. 신자유주의와 글로벌자본주의의 흐름 속에서도 사회 개혁을 할 수 있는 동력, 중요한 선택을 할 수 있는 동력은 어떻게 길어 올릴 수 있을까?

『메트로폴리스 서울의 탄생: 서울의 삶을 만들어 낸 권력, 자본, 제도 그리고 욕망들』, 임동근 · 김종배(2015)

거대도시 서울이 팽창하는 과정에서 가장 크게 작동했던 두 가지 힘, 강력한 통치 의지로 뭉친 권력과 탐욕으로 치달은 자본의 민낯을 들여다보는 책이다. 권력과 자본의 유착, 통치 수단으로 쓰였던 행정 기구와 조직, 각종 도시 개발 사업과 주택 개발 사업에 얽힌 돈과 권력, 주요 도시 프로젝트에 담겼던 정치적 의도, 북한과의 대치 상황이 미친 영향, 최근 도시 정책의 변화 등 이른바 거대도시로서의 서울이 어떻게 만들어지고 어떻게 운영되고 어떻게 살아남고 있는지가 보인다. 서울은 기묘한 도시고 또 흥미진진한 도시가 아닐 수 없다.

『나의 문화유산답사기 10: 서울편 2_유주학선 무주학불』, 유홍준(2017)

『서울편 1』은 궁궐을 담고 있는 반면 『서울편 2』는 한양 도성의 생성 과정과 논리, 그리고 사대문 안과 밖의 주요 공간들의 풍경과 변천사를 다루고 있어, 오늘날의 서울과 대비하며 흥미로운 연원을 발견할 수 있다. 한양 도성을 역사적인 관점에서 바라본 책이 상당히 많은데, 그중에서도 이 책은 도시 만들기에 대한 철학과 사연이 담겨 있어서 읽기에 좋다. 그것을 마땅하게 여기든 아니든 한양을 만드는 데는 국가 통치, 국정 운영, 안보, 신분 사회 관리, 상권 관리 등의 개념과 철학이 분명히 서 있었음을 알 수 있다.

『서울의 기원 경성의 탄생: 1910–1945 도시계획으로 본 경성의 역사』, 염복규(2016)

오늘날 서울의 왜곡된 구조의 뿌리를 파헤쳐 들어가다 보면 꼭 경성 시대가 나오기 마련이다. 일제강점기 동안 식민 통치의 최고 수단으로 휘둘러졌던 도시 개조와 신시가지 개발 그리고 상징 통치에 이르기까지의 내용을 읽다 보면 분통이 터지지만, 역사를 직시해야 더 건강한 미래를 그려낼 수 있다. 일제강점기의 도시계획에 대해서 최근 깊이 있는 연구가 축적되고 많은 저작이 나오고 있는데, 그중에서도 국사학자가 쓴 이 책은 포괄적이고 구조적으로 경성 도시 개조를 읽어낸다. 책에 담긴 풍성한 지도 자료가 더욱 쉽게 이해할 수 있도록 도와준다.

『도시는 정치다: 도시정치, 도시재생, 도시문화 읽기』, 윤일성(2018)

부산에서 10여 년 동안 '엘시티 프로젝트'가 '깜깜이'식으로 각종 위법을 저지르고,

특혜를 받아가며 진행되고 있을 때, 그 전 과정을 꿰뚫고 비판하고 고발하며 끊임없이 사회에 알렸던 한 도시학자의 유작이다. 얼마나 분노가 끓어올랐을까? 지방자치단체가 현장의 일선에서 개발 사업에 관여하는 속성상, '도시 정치'란 돈과 표에 의해 좌지우지될 수 있는 구조적 문제를 안고 있다. 부산의 엘시티와 북항 개발, 그리고 도시재생 사업에 얽힌 부산의 도시 정치의 실상을 알려준 노고에 감사드리며, 더 많은 후학이 그 뜻을 이어가기를 바란다.

『도시는 왜 불평등한가: 도시는 혁신의 엔진인가, 계급을 만드는 불평등의 산실인가?』, 리처드 플로리다(2017)

전작 『신창조 계급』이라는 책으로 세계적인 히트를 쳤지만, 사회 양극화 현상을 부추기기만 했다고 비판받았던 경제학자 플로리다의 후속작으로, 미국과 캐나다 도시들을 사례로 도시 양극화 현상을 깊이 분석한 책이다. 그 결과 도시 간의 양극화, 도시 내의 양극화가 모두 진행되고 있음을 밝히면서, 도시 양극화 현상을 완화할 수 있는 정책으로서 공공의 적극적인 투자, 특히 대중교통과 공공 교육에 대한 투자를 강조한다. 결론은 상식적이지만, 그만큼 실천하기 어려운 과제들이다. 특히 미국의 상황에서는.

『도시의 승리: 도시는 어떻게 인간을 더 풍요롭고 더 행복하게 만들었나?』, 에드워드 글레이저(2011)

경제학자가 도시에 바치는 찬사를 담았지만, 정확히는 '세계 도시, 슈퍼스타 도시'에 대한 예찬을 담은 책이다. 도시 개발 캠페인이 아닌가 싶을 정도로 세계화, 글로벌 기업, 도심 개발, 초고층 개발을 독려하고 주장한다. 이런 책을 읽을 때는 아주 조심해야 한다. 환경 비용과 도시 인프라 문제와 같은 근본적 문제를 직시하는 듯 보이지만 항상 끄나풀이 달려 있으니 말이다. 도시의 녹지와 역사 문화 보전을 대폭 축소해야 하고 개발 규제의 효용성 자체를 부정하는 부분에서는 실소가 나오기도 한다. 그럼에도 불구하고 책에서 소개하는 여러 사례와 저자가 주장하는 도시의 경제적 논리에 대해서는 읽을 만하다.

『축출 자본주의: 복잡한 세계 경제가 낳은 잔혹한 현실』, 사스키아 사센(2014)

사회학자인 저자는 일찍이 세계화가 세계 각국에 미치는 영향에 대한 연구를 해왔다. 세계화 현상을 커다란 축복이라고 칭송하던 분위기가 팽배했던 1980년대부터다. 반세기 동안의 연구 이후 출간한 이 책은 고발성이 강하다. 세계화라는 미명 아래 횡행한 글로벌 자본이 세계 여러 지역사회의 삶을 파괴했고, 주민의 삶터와 일터가 붕괴되면서 결국은 지역을 떠나게 만들었으며, 무능하고 부패한 정치인과 결탁하면서 상황은 악화하고 있다는 것이다. 전 지구적으로 일어나고 있는 대규모 탈주가 그 결과다. 사냥과 약탈을 일삼을 뿐 아니라 결과적으로 축출까지 감행하는 세계 자본주의, 어떻게 고삐를 당길 수 있을 것인가? 서늘해진다.

『통제 불능: 인간과 기계의 미래 생태계』, 케빈 켈리(1994)

내 인생의 책 중 하나다. 번역본이 나와서 너무 기쁘다. 이 책이 딱히 도시 자체를 다루는 것은 아니지만 창조, 진화, 생명, 혁신의 원리 등을 논하면서 공간에 대해서도 번쩍이는 통찰력을 담고 있다. 우리말로 된 부제보다 원서의 부제 뜻이 아주 근사하다. '기계와 사회 시스템과 경제적 세계의 새로운 생물학'인데, 복잡계로 작동하는 이 시대에는 모든 인공적인 창조물이 기어코 생물적인 속성을 갖게 된다는 뜻이다. 이 책 마지막에 '신의 법칙' 즉 창조의 법칙 10가지가 나오는데, 통념을 벗어난 법칙들에 눈이 번쩍 뜨일 것이다. 통제 불능이란 섣불리 통제하려 들지 말라는 뜻이다. 진화와 돌연변이를 거듭하는 생명의 과정에 탄복하게 된다.

『인간의 조건』, 한나 아렌트(1958)

우리 사회에서는 '악의 평범성'이라는 주제를 던져준 『예루살렘의 아이히만』이 훨씬 더 유명하지만, 철학자 한나 아렌트의 대표 저작으로 꼽히는 세 권 중 하나가 이 책이다. 그의 사상적 바탕을 파악하기에 이 책은 최고다. 인간의 조건을 '노동, 작업, 행위' 세 가지로 제시하면서 논의를 전개하는데 관념적인 내용이 많아서 읽기 어렵지만, 충분히 시간을 들일 만하다. 아렌트의 '공공 영역'에 대한 치열한 논의는 결정적으로 내가 건축에서 도시로 눈을 넓히게 만들었다. 아렌트의 '활력적 삶(vita activa)'에 대한 명쾌한 정의는 나에게 용기를 불어넣었다. 아렌트의 '세계애(amor mundi)' 개념은 이 비관적인 세계에서 내가 여전히 긍정적인 세계관을 유지하게 만드는 힘이다.

『보이지 않는 도시들』, 이탈로 칼비노(1972)

소설일까, 에세이일까, 명상록일까, 산문시일까? 가늠하기 어려운 성격의 책이다. 하지만 도시의 빛과 그림자, 위대함과 비루함, 영광과 오욕, 정복과 약탈, 허영과 번영을 이해하면서 시간과 공간과 인간을 넘나들며 상상력을 펼치게 만드는 최고의 책이다. 몽상적이면서 사색적인 작가의 글쓰기 방법을 따라 가끔씩 한 문단만 읽어도 좋다. 마르코 폴로와 쿠빌라이 칸의 대화로 이루어지는, 도시 예찬의 극치를 담는 책이다. 도시 베네치아에 바치는 헌사이기도 하다.

● 내가 도시에 관해 쓴 몇 권의 책을 다음에 소개한다. 나의 성장과 함께한 책들이다.

『서울性』, 김진애(1990)

도시에 관해 쓴 나의 첫 책이자, 내가 쓴 첫 번째 책이기도 하다. 서울의 성격을 뜻하는 '서울성(Seoulness)'이라는 제목을 썼다. 밀라노 트리엔날레 1988년 서울전시관 작업, 1990년 KBS '서울 600년 특집'을 만들며 얻었던 깨달음을 풀어놓았다. '도시문화시대'를 기리며 만든 책으로, 오래 걸렸지만 그 시대가 더 무르익기를 기대한다.

『우리 도시 예찬: 그 동네 그 거리의 매력을 찾아서』, 김진애(2003, 2019 복간)

20세기 말, 21세기 초 '우리 도시들을 돌아보고 책을 쓰겠다'는 내 나름의 밀레니엄 프로젝트를 실천한 책이다. 한 일간지에 '뜨는 동네를 찾아서'라는 제목으로 연재했던 칼럼을 크게 보완하여 책으로 만들었다. 다양한 시각 자료와 지도 자료를 담고 있어서 자료로서의 가치도 있다. 2019년에 복간 형식으로 다시 내며, 한 시대 우리 도시들의 기록이 되기를 바라고 있다.

『도시 읽는 CEO: 도시의 숲에서 인간을 발견하다』, 김진애(2009, 2019 개정)

한 출판사의 '읽는 CEO' 시리즈의 하나의 주제로 기획되었던 책이다. 도시의 스펙트럼과 인간의 성장을 연결한 책으로 쓰기도 힘들었고 또 보람도 컸다. 초판 당시 인문서로서 세상에 나가면 좋겠다는 얘기를 많이 들어서 2019년에 개정판(『도시의 숲에서 인간을 발견하다』)을 만든다. 우리 도시도 세계의 도시 중 하나임을 부각하고 싶었고, 도시와 인간의 성장 사이에 긴밀한 관계가 있음을 보여주고 싶었다.

『김진애의 공간정치 읽기』, 김진애(2008)

이명박 서울시장, 오세훈 서울시장, 이명박 정부로 이어진 10여 년 동안은 전문가로서는 속이 끓었던 시절이었다. 대형 프로젝트들이 진행되었지만 실망의 연속이었기 때문이다. 인터넷 신문에 연재했던 비판 내용을 묶은 책이다. 뉴타운, 청계천, 시청 앞 광장, 동대문디자인플라자, 4대강 사업 등을 들여다보면서 나쁜 공간정치와 좋은 공간정치의 기준을 밝혀보려 했다. 공간정치는 우리 도시의 일상이다.

12가지 '도시적' 콘셉트
김진애의 도시 이야기

초판 1쇄 발행 2019년 11월 18일
초판 4쇄 발행 2020년 9월 4일

지은이 김진애
펴낸이 김선식

경영총괄 김은영
책임편집 임경진, 임소연 **디자인** 황정민 **크로스교정** 조세현 **책임마케터** 박태준
콘텐츠개발4팀장 윤성훈 **콘텐츠개발4팀** 황정민, 김대한, 임소연, 박혜원
마케팅본부장 이주화 **채널마케팅팀** 최혜령, 권장규, 이고은, 박태준, 박지수, 기명리
미디어홍보팀 정명찬, 최두영, 허지호, 김은지, 박재연, 배시영
저작권팀 한승빈, 김재원
경영관리본부 허대우, 하미선, 박상민, 김형준, 윤이경, 권송이, 김재경, 최완규, 이우철
외부스태프 **교정교열** 신혜진 **일러스트** 마이자

펴낸곳 다산북스 **출판등록** 2005년 12월 23일 제313-2005-00277호
주소 경기도 파주시 회동길 357 3층
전화 02-702-1724 **팩스** 02-703-2219 **이메일** dasanbooks@dasanbooks.com
홈페이지 www.dasanbooks.com **블로그** blog.naver.com/dasan_books
종이 (주)한솔피앤에스 **출력 · 제본** 갑우문화사

ISBN 979-11-306-2692-5(04540)
979-11-306-2691-8(04540) (세트)

• 이 도서의 국립중앙도서관 출판예정도서목록(CIP)은 서지정보유통지원시스템 홈페이지(http://seoji.nl.go.kr)와 국가자료공동목록시스템(http://www.nl.go.kr/kolisnet)에서 이용하실 수 있습니다.(CIP제어번호: CIP2019041851)